营养液

创新栽培系统与方法

● 程瑞锋　编著

中国农业科学技术出版社

图书在版编目（CIP）数据

营养液创新栽培系统与方法 / 程瑞锋编著．—北京：中国农业科学技术出版社，2018.12（2024.5 重印）
ISBN 978-7-5116-3484-9

Ⅰ．①营… Ⅱ．①程… Ⅲ．①无土栽培–植物生长促进剂 Ⅳ．① S482.8

中国版本图书馆 CIP 数据核字（2018）第 009691 号

责任编辑　张孝安　崔改泵
责任校对　李向荣

出 版 者　中国农业科学技术出版社
　　　　　北京市中关村南大街 12 号　邮编：100081
电　　话　（010）82109708（编辑室）（010）82109704（发行部）
　　　　　（010）82109703（读者服务部）
传　　真　（010）82106650
网　　址　http://www.castp.cn
经 销 者　各地新华书店
印 刷 者　北京捷迅佳彩印刷有限公司
开　　本　710 mm × 1 000 mm　1 /16
印　　张　8.75
字　　数　160 千字
版　　次　2018 年 12 月第 1 版　2024 年 5 月第 8 次印刷
定　　价　40.00 元

前言

PREFACE

无土栽培是近几十年发展起来的一种作物栽培新技术，其特点是以人工创造的作物根系生长环境，如营养液、无土栽培基质和气雾环境等来取代土壤环境，它不仅能满足作物对养分、水分和空气等条件的需要，而且对这些条件要求加以控制调节，以促进作物更好地生长，使其获得充足的营养生长，并达到良好的生殖生长平衡。因此，无土栽培的作物通常发育生长优良，产量高，品质上乘。由于无土栽培脱离了土壤的限制，极大地扩展了农业生产的空间，使得作物可在各种常规农业环境（大田、温室和植物工厂等环境）和非农业环境（非耕地区域、都市区域、海洋岛屿和航天空间环境等）中进行生产，具有极为广阔的发展前景和广泛的应用领域。

中国无土栽培的研究和生产应用始于20世纪70年代，以山东农业大学、南京农业大学、华南农业大学和浙江省农业科学院等为代表的高校与科研单位相继开展了系列研究并指导生产应用，中国农业科学院蔬菜花卉研究所创新研发了有机生态型无土栽培技术。随着我国设施农业产业的发展，国内无土栽培技术已经成功应用到蔬菜、花卉和种苗生产之中，并得以迅速扩展。

20 世纪 90 年代以来，随着农业科技园区的建设，以无土栽培为核心的都市型设施园艺技术得到快速发展。中国农业科学院农业环境与可持续发展研究所等单位研制了斜插式立柱栽培、管道栽培和墙面栽培等多种立体无土栽培模式，并将无土栽培技术拓展应用到黄瓜树、辣椒树和茄子树等蔬菜树式栽培领域。植物工厂作为设施农业的先进生产方式，近十几年来发展迅猛，目前，几乎所有的植物工厂均采用无土栽培模式，尤其以水耕栽培技术的应用最为广泛。

本书主要是在总结无土栽培领域前辈专家研发技术基础上，介绍一些新型无土栽培装置系统及其技术，以期为初步探索应用无土栽培技术的爱好者、从业者和一般科研人员提供参考。本书内容广泛借鉴了蒋卫杰研究员等编写的《无土栽培特选项目与技术》和杨其长研究员等编写的《植物工厂概论》与《植物工厂系统与实践》等专著，在此谨致衷心的谢意！此外，对汪晓云老师在技术方面的支持和帮助表示感谢！同时，笔者还要感谢中国农业科学院设施植物环境工程团队各位老师的支持和帮助，特别是刘文科研究员、魏灵玲研究员、巫国栋老师和魏强老师的帮助。感谢研究生刘义飞同学在雾培控制系统研究和实施过程中所做出的贡献。最后，对北京中环易达设施园艺科技有限公司魏文华经理等提供资料的相关技术人员的辛勤付出表示衷心的感谢！

本书的出版，感谢国家“863”计划、中国农业科学院科技创新工程和中央级公益性科研院所基本科研业务费专项等项目的支持！

由于编写过程仓促，本书旨在抛砖引玉，书中难免出现缺漏和不妥之处，恳请读者批评指正。

程瑞锋
2018 年 10 月

目 录

CONTENTS

第一章 营养液栽培技术概论

第一节 营养液栽培的概念

一、营养液栽培介绍

营养液栽培，就是不用土壤作为培养基，而是将作物生长必须的养分溶于水中，将这种液状肥料作为培养液，用于作物的栽培。如果使用这种栽培技术，完全与土壤的条件无关，甚至不用土壤都可栽培作物，避免了土壤病害和盐类累集，以及由此引起的连作不利，可以稳定地进行生产，还可以省去土壤作为培养基进行一般的栽培过程中所必需的播种、垄作、施肥、除草和培土等管理，实现营养液补给与施肥的系统化和自动化。在减轻体力劳动，改善工作环境的同时，还减少管理土壤时所费的精力，减轻了管理人员精神上的负担。如果对营养液进行封闭式管理，能提高养分和水分的利用效率，从而达到节约资源、保护环境的目的。

目前，温室生产上最常用的营养液栽培模式有 2 种，即“NFT”和“DFT”。NFT 是 Nutrient Film Technique 的缩写，是使用较浅培养液流动栽培的方法。DFT 是 Deep Flow Technique 的缩写，是使用较深培养液流动栽培的方法。

对于无土栽培而言，是指不用天然土壤，采用人工基质或仅育苗采用天然土壤定植后用人工基质的一种栽培方式。利用含有植物生长发育必需元素的营养液或仅用清水灌溉作物而直接应用固态肥来为作物提供营养，并可使植物正常完成整个生命周期的种植技术。简而言之，无土栽培就是不用天然土壤来种植作物的方法。固体基质或营养液代替天然土壤向作物提供良好的水、肥、气、热等根际环境条件，使作物完成从苗期开始的整个生命周期。由于无土栽培使用营养液的时间较早且较长，因此早期又把无土栽培称为营养液栽培、水培、水耕、溶液栽培和养液栽培（Soilless Culture，Hydroponics and Solution Culture）等。

二、营养液栽培的方法与分类

营养液栽培作物的方法很多，其分类方式也各不相同。根据有无固体基质以及营养液的供给方式不同可分为以下几种常见类型。

1. 按照有无固体基质材料分类

营养液栽培的分类方式之一是根据栽培有无固体基质材料来划分，一般分为两大基本类型，即无基质栽培和固体基质栽培，如图 1–1 所示。

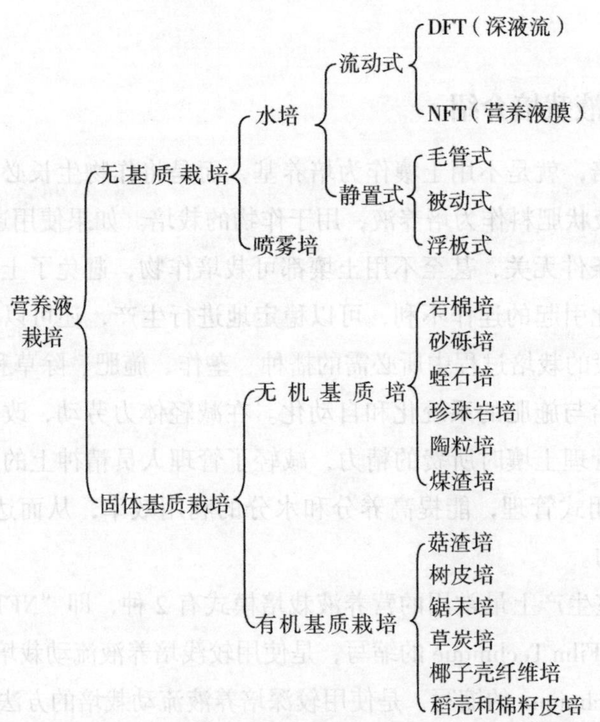

图 1–1　依据有无固体基质的营养液栽培分类

（1）无基质栽培。即没有固定根系的基质，根系直接和营养液接触，主要包括以下 2 种形式。

① 水培：包括深液流水培（Deep Flow Techniqne，DFT）、营养液膜栽培（Nutrient Film Techniqne，NFT）和浮板毛管栽培（FCH）等。

② 喷雾培（Spray culture）。

（2）固体基质培。即采用固定根系的基质材料，根系直接扎在基质上，依靠营养液灌溉施肥的栽培方式，主要有以下 2 种基质。

① 无机基质：包括岩棉、砂、石砾、蛭石、珍珠岩和炉渣等。

② 有机基质：包括锯木屑、蔗渣、草炭、稻壳、熏炭、树皮和麦秆等。

在人工光植物工厂中水培使用较为普遍，其中又以 DFT 和 NFT 和喷雾培为典型代表。

DFT 是在比较深的培养床内注入定量的培养液，进行间歇、多次的循环，营养液在曝气的同时进行定时循环，或是在栽培床之间进行循环流动，以保持足够的溶氧量。其显著优势有以下六个方面。

第一，设施内的营养液总量较多，营养液的组成和浓度变化缓慢，不需要频繁地调整浓度。

第二，床体中的热容量高，作物根圈温度变化不大，可以比较容易地进行温度调节。

第三，营养液循环系统中有空气混入装置，很容易调节溶存氧，根部对养分的吸收率高。

第四，可以在营养液循环过程中，对营养液浓度、养分、pH 值等进行综合调控，保持营养液的稳定性。

第五，营养液仅在内部循环，不会流到系统外，因此不会或很少对周围水体和土壤造成污染。

第六，适生作物的种类较多，除了块根、块茎作物外，生长期长的果菜类和生长期短的叶菜类作物皆可种植。但由于需要的营养液量大，贮液池的容积也要加大，成本相应增加；营养液经常处于循环状态，水泵运行时间长，动力消耗大；营养液循环在一个相对封闭的环境之中，一旦发生病原菌危害就有可能迅速传播甚至蔓延到整个种植系统。

NFT 是将排水槽或水道倾斜，从上部流下少量培养液，使培养液呈薄膜状覆盖于水槽，并与储液箱来回循环。这种栽培方法种植的作物，作物根系只有一部分浸泡在浅层营养液中，绝大部分的根系裸露在种植槽潮湿的空气里，这样由浅层的营养液层流经根系时可以较好地解决根系的供氧问题，也能够保证作物对水分和养分的需求。同时，由于 NFT 生产设施中的种植槽主要是由塑料薄膜或其他轻质材料做成的，使设施的结构更为简单和轻便，安装和使用更为便捷，大大降低了设施的基本建设投资，更易于在生产中推广应用。

喷雾培是利用喷雾装置将营养液雾化后直接喷射到植物根系以提供其生长所需的水分和养分的一种营养液栽培技术，由于作物根部一直处于空气中，根部的养分吸收充分且易于控制，也不存在缺氧的问题。但这种方法和 NFT 一样无法应对停电或水泵发生故障等突发情况，需要进行更精细的管理。为此，近年来发展起来一种将喷雾培与 DFT 相结合的栽培模式，即将植物的一部分根系浸没于营养液中，另一部分根系暴露在雾化的营养液环境之中，所以又称半喷雾培（Semi-spray culture）。喷雾培技术较好地解决了营养液栽培技术中根系的水气矛盾，特别适宜于叶菜类作物的生产。

2. 按照营养液的供给方式进行分类

根据营养液的供给方法不同，可分为循环利用营养液的封闭系统和按一定比例向外排出废液的非封闭系统两种形式，如图 1-2 所示。

封闭系统又分为循环式和非循环式，NFT 和 DFT 都是典型的循环利用营养液的系统，营养液在经过循环利用后回到营养液池（罐）中，经间歇停留或不停留继续循环使用。对于一些固体基质培，如岩棉培，通常是将营养液回收、过滤、消毒和补充营养后，再次循环利用；非循环式栽培除了毛细管水耕、被动水耕之外，还有将岩棉等固型栽培基质放在吸水苫布上，通过吸水苫布吸附大量营养液，从底部给液的保水苫布栽培法。

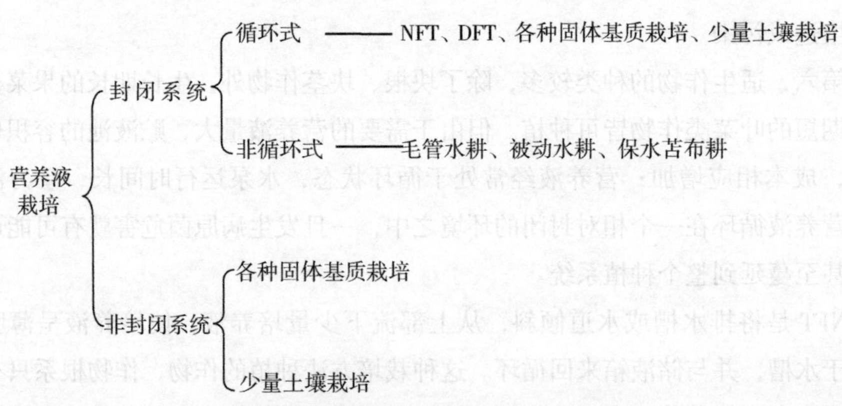

图 1-2　依据营养液的供液方式进行的分类

非封闭系统中的非循环式栽培就是为了确保根部的养分平衡，将固体栽培基质内的营养液依照一定比例向系统外排放，但出于对环境保护的考虑，这种方式应逐步向封闭循环型转变。

第二节　营养液的配制原理

一、营养液浓度的表示方法

营养液浓度的表示方法常用的有以下几种：一是百万分之若干份的营养元素表示，符号为 mg/L；二是每升中的毫摩尔表示，符号为 mmol/L；三是每升或每千升水中的盐分的克数表示；四是电导率表示法和大气渗透压表示法。

1. 采用 mg/L 表示的浓度

营养液中溶质的质量占全部营养液质量的百万分比来表示的浓度，也称百万分比浓度，即 $\times 10^{-6}$*。

2. 采用 mmol 毫摩尔表示的浓度

1 升溶液中所含溶质的摩尔数，称为该溶液的摩尔浓度。因为营养液的浓度比较低，所以一般采用毫摩尔浓度（mmol）溶液。如每升溶液中 164g 的 $Ca(NO_3)_2$ 为 1mol 浓度，164mg 为 1mmol 浓度，或者每升溶液中 40g 的 Ca 为 1mol 浓度，40mg 的 Ca 为 1mmol。1mol 或 1mmol 这样的符号是习惯用法，按国家规定的符号应当是 1mol/L 或 1mmol/L。

3. 浓度的电导率表示法

电导率代表营养液的总浓度。电导率的符号为 EC，其单位为西门子 / 厘米，符号为 S/cm。由于营养液的浓度很低，一般用毫西门子 / 厘米，符号为 mS/cm，一般可简化为 mS。

* ppm 表示的浓度，现根据国际规定百万分率已不再使用 ppm 来表示。不过在一些资料中仍保留 ppm 表述。ppm 按规定正式的表示应为 10^{-6}。在营养液中每种必需元素的百万分之若干份数，称为若干 ppm。1ppm 就是一种物质在 100 万份其他物质中占有 1 份。可用重量表示，例如 1ppm 等于 1mg/kg 或 1g/t；可以用重量体积表示，例如 1ppm 等于 1mg/L；也可用体积表示，例如 1ppm 等于 $1mg/dm^3$

4. 浓度的渗透压表示法

渗透压表示在溶液中溶解的物质因分子运动而产生的压力。用帕斯卡表示，符号为 Pa。可以看出，溶解的物质愈多，分子运动产生的压力愈大。营养液适宜的渗透压因植物而异，根据斯泰纳的试验，当营养液的渗透压为 50.7~162.1kPa 时，对生菜的水培生产无影响；在 20.2~111.5kPa 时，对番茄的水培生产无影响。渗透压与电导率一样，只用以表示营养液的总浓度。

二、决定营养液组成的依据

营养液配方，是作物能在其中正常生长发育，并有较高的产量的情况下，对植株进行营养分析，了解各种大量元素和微量元素的吸收量。据此，利用不同元素的总离子浓度及离子间的不同比率而配制的。同时，又通过作物栽培的结果，再对营养液的组成进行修正和完善。

由于科学家使用方法的不同，因而提出的营养液组成理论也不尽相同。目前，世界上从事营养液研究者主要有 3 种配方理论，即日本园艺试验场提出的园试标准配方、山崎配方和斯泰纳配方。

1. 园试标准配方

这是日本园艺试验场经过多年的研究而提出的，其根据是从分析植株对不同元素的吸收量，来决定营养液配方的组成。

2. 山崎配方

这是日本植物生理学家山崎以园试标准配方为基础，以果菜类为材料研究提出的。他根据作物吸收的元素量与吸水量之比，即吸收浓度（N/W 值）来决定营养液配方的组成。

3. 斯泰纳配方

这是荷兰科学家斯泰纳依据作物对离子的吸收具有选择性而提出的。斯泰纳营养液是以阳离子（Ca^{2+}、Mg^{2+} 和 K^+）之当量和与相近的阴离子（NO_3^-、PO_4^{3-} 和 SO_4^{2-}）之当量和相等为前提，而各阳离子和阴离子之间的比值，则是根据植株分析得出的结果而制订的。根据斯泰纳试验结果，阳离子之比值为：$K^+ : Ca^{2+} : Mg^{2+} = 45:35:20$；阴离子比值为：$NO_3^- : PO_4^{3-} : SO_4^{2-} = 60:5:35$ 时为最恰当。

三、营养液的电导率和酸碱度

1. 营养液的电导率

电导率（简称 EC）是溶液含盐量的导电能力。无土栽培所用的营养液含盐量的浓度很低，导电能力也低，因此电导率常用其千分之一来表示，单位为毫西门子 / 厘米，简称毫西（mS/cm）。测定电导度的仪器称电导仪，目前市场上有价格便宜、便于携带的电导仪出售，其测定时间短，方法简单而准确。无土栽培时，它在营养液管理中被广泛采用。

在开放式无土栽培系统中，营养液的电导率一般控制在 2~3mS/cm。在封闭式无土栽培系统中，绝大多数作物其营养液的电导率不应低于 2.0mS/cm，如果在系统中不能对营养液的电导率进行测定，当电导率低于 2mS/cm 时，营养液中就应补充足够的营养成分使其电导率上升到 3.0mS/cm 左右。这些补入的营养成份可以是固体肥料，也可以是预先配制好的浓溶液（即母液）。

番茄在弱光条件下适宜较高的电导率，而当光照充足、蒸腾增加时则降低到 2.0mS/cm。叶菜类栽培最好采用较低的 EC 值，如 2.0mS/cm，在光照充足时 EC 值可以更低。英国温室园艺研究所曾进行番茄的长季节栽培，他们指出 EC 值在 2~10mS/cm 的范围内番茄均能生长，然而 EC 值高于 4.0mS/cm 时番茄的总产量显著降低，但较高的 EC 值（小于 6.0mS/cm）能有效地抑制植株过旺的营养生长。据报道，岩棉培黄瓜适宜的 EC 值是 2.0~2.5mS/cm，岩棉培番茄适宜的 EC 值为 2.5~3.0mS/cm（该 EC 是指岩棉基质中营养液的电导率）。

2. 营养液的酸碱度

营养液的氢离子浓度（酸碱度）通常用 mol/L（pH 值）来表示。当溶液呈中性时，则溶液中 H^+ 和 OH^- 相等，此时的氢离子浓度为 100nmol/L（pH 值为 7.0）；当 OH^- 占优势时，氢离子浓度小于 100nmol/L（pH 值 >7.0），溶液呈碱性；反之，H^+ 占优势时，氢离子浓度大于 100nmol/L（pH 值 <7.0），溶液呈酸性。

pH 值的测定，最简单的方法可以用 pH 值试纸进行比色，但这只能测出大概的范围，现在国内市场上已有多种进口或国产手持式的 pH 仪，测试方法简单、快速和准确，确实是无土栽培必备的仪器。

大多数植物的根系在氢离子浓度为 163.0~316.3nmol/L（pH 值为 5.5~6.5）的弱酸性范围内生长最好，因此无土栽培的营养液 pH 值也应该在这个范围内。

在营养液膜栽培系统中，营养液的氢离子浓度通常应保持在 585.0~630.9nmol/L（pH 值为 5.8~6.2）的范围内，绝不能超出 163.0~316.3nmol/L（pH 值为 5.5~6.5）的范围。氢离子浓度过低（pH 值为 >7.0）会导致铁（Fe）、锰（Mn）、铜（Cu）和锌（Zn）等微量元素沉淀，使作物不能吸收。氢离子浓度过高（pH 值为 <5.0），不仅腐蚀循环泵及系统中的金属元件，而且使植株过量吸收某些元素而导致植株中毒。氢离子浓度（pH 值）不适宜，植株的反应是根端发黄和坏死，然后叶子失绿。

通常在营养液循环系统中每天都要测定和调整氢离子浓度（pH 值），在非循环系统中，每次配制营养液时应调整氢离子浓度（pH 值）。常用来调整氢离子浓度（pH 值）的酸为磷酸或硝酸，为了降低成本也可使用硫酸；常用的碱为氢氧化钾。表 1–1 列出了每吨营养液氢离子浓度从 100nmol/L 升至 1 000nmol/L（pH 值从 7.0 降到 6.0）所需酸的用量。在硬水地区如果用磷酸来调整 pH 值，则不应该加得太多，因为营养液中磷酸超过 50×10^{-6} 会使钙开始沉淀，因此常将硝酸和磷酸混合使用。通常，向营养液加酸时只要小心谨慎，就不会发生营养液氢离子浓度高于 3 163.0nmol/L（pH 值 <5.5）的现象。

表 1–1　每吨营养液 pH 值从 7.0 降到 6.0 所需酸的用量（单位：ml）

酸类别	98% 硫酸	63% 硝酸	85% 磷酸	63% 硝酸：85% 磷酸（体积比 1∶1）
加入酸的量	100	250	300	245

四、营养液的一般限制因素

现在世界上有成百上千个营养液配方，并且都在不同地区的无土栽培中获得了满意的结果，但不能说有哪一个是适合无土栽培的最佳配方。由于作物和环境条件的不同，很难配出一种通用的营养液。

合适的无土栽培营养液配方应当提供满意的总离子浓度，维持营养液的平衡，表现出适当的渗透压和提供可接受范围内的 pH 值反应，如表 1–2 和表 1–3 所示。

表 1-2 营养液中可接受的营养元素的浓度

元素	营养液中的浓度（$\times 10^{-6}$）		元素	营养液中的浓度（$\times 10^{-6}$）	
	范围	平均		范围	平均
氮	150~1 000	300	铁	2~10	5
钙	300~500	400	锰	0.5~5.0	2
钾	100~400	250	硼	0.5~5.0	1
硫	200~1 000	400	锌	0.5~1.0	0.75
镁	50~100	75	铜	0.1~0.5	0.25
磷	50~100	80	钼	0.001~0.002	0.0015

表 1-3 营养液及所含成分的浓度范围

成 分	单位	最低	适中	最高
营养液	mg/L	1 000	2 000	3 000
	%	0.1	0.2	0.3
	mmol/L	20	35	60
	mS	1.38	2.22	4.16
硝态氮（NO_3^-–N）	mmol/L	4	16	25
	mg/L	56	224	350
铵态氮（NH_4^+–N）	mmol/L	–	–	4
	mg/L	–	–	56
磷	mmol/L	0.7	1.4	4
	mg/L	20	40	120
钾	mmol/L	2	8	15
	mg/L	78	312	585
钙	mmol/L	1.5	4	18
	mg/L	60	160	720
镁	mmol/L	0.5	2	4
	mg/L	12	48	96
硫	mmol/L	0.5	2	45
	mg/L	16	64	1 440
钠	mmol/L	–	–	10
	mg/L	–	–	230
氯	mmol/L	–	–	10
	mg/L	–	–	350

第三节 营养液配方的计算方法

目前有许多营养液配方可供选择，但是，由于化学制品的级别不同（分析纯、化学纯、工业纯和肥料），因而配制营养液所使用的化学药品的成本、纯度和溶解度方面有很大的差异。生产规模较小的无土栽培生产者可购买化肥生产厂预先混配好的无土栽培专用肥料，使用时只需定量加入即可。其优点是，大大简化了配制过程和减少了配制时由称重不准确而易引起的错误。其缺点是价格较高，并且在栽培过程中很难根据作物生长情况来对营养液配方进行调整。生产规模较大的无土栽培生产者可根据配方或稍微修改一下配方来自己配制营养液。现以荷兰温室园艺研究所 1986 年推荐的番茄营养液配方为例，来说明营养液配方所用肥料数量的计算方法，如表 1–4 所示。

表 1–4 番茄营养液配方（荷兰）

浓度单位	大量元素						
	硝态氮	铵态氮	磷	硫	钾	钙	镁
mg/L	189	7	46.5	120	362	185.4	42.5
mmol/L	13.5	0.5	1.5	3.75	9.25	4.625	1.75

浓度单位	微量元素					
	铁	锰	锌	硼	铜	钼
mg/L	0.84	0.55	0.33	0.27	0.05	0.05
mmol/L	15	10	5	25	0.75	0.5

一般在进行营养液配方计算时，因为钙的需要量大，并在大多数情况下以硝酸钙为唯一钙源，所以计算时先从钙的量开始，钙的量满足后，再计算其他元素的量。一般是依次计算氮、磷、钾，最后计算镁，因为镁与其他元素互不影响。微量元素需要量少，在营养液中的浓度又非常低，因而不必像大量元素那样重视总离子浓度，所以每个元素均可单独计算，而无须考虑对其他元素的影响。无土栽培营养液配方的计算方法较多，现介绍 3 种较常用的方法。

一、百万分率（10^{-6}）单位配方的计算

1. 计算所需硝酸钙的用量

按表 2-4 配方中要求 185.4×10^{-6} 的钙，即每升水中需要含钙 185.4mg。四水硝酸钙分子量为 236，把结晶水视为杂质，产品纯度为 90%，则硝酸钙（分子量为 164）的实际纯度为 62.5%，236mg 四水硝酸钙或 164mg 硝酸钙中有 40mg 的钙。根据公式：

$$W=\frac{C\times M}{A}\times\frac{100}{P}$$

可以求出 185.4×10^{-6} 钙时需要的硝酸钙的重量。

式中：W 为每升水中所需某化合物的毫克数；

C 为营养液中某元素的 $\times10^{-6}$ 浓度值；

M 为所用化合物的分子量；

A 为某元素的原子量；

P 为化合物的百分纯度数值。

已知 C=185.4，M=164，A=40，P=62.5，则：

$$W=\frac{185.4\times164}{40}\times\frac{100}{62.5}=1\ 216.22\text{mg}$$

即用 1 216.22mg 四水硝酸钙溶于 1L 水中，则溶液中钙的浓度为 185.4×10^{-6}。

2. 计算硝酸钙中同时提供的氮浓度数

因为硝酸钙既含有钙元素，又含有氮元素，当钙满足需要时，要算出加入氮的 $\times10^{-6}$ 浓度数。当钙 $=185.4\times10^{-6}$ 时，硝酸钙同时提供氮的 $\times10^{-6}$ 浓度数，可由下列公式来计算：

$$C2=\frac{A2}{A1}\times C1$$

式中：A1 为化合物中第一元素的总原子量；

A2 为第二元素的总原子量；

C1 为化合物中第一元素在营养液中的百万分率浓度数。

已知 A1=40，A2=14 × 2=28，C1=185.4×10^{-6}，所以

$$C2=\frac{28}{40}\times185.4\times10^{-6}=129.78\times10^{-6}$$

即硝酸钙提供的氮（硝态氮）浓度为 129.78×10^{-6}。按表 2-4 配方要求的

尚缺部分，用硝酸铵和硝酸钾补充。

3. 计算所需硝酸铵的用量

营养液中的铵态氮需要 7×10^{-6}，一般由硝酸铵提供，根据以下公式，可计算出当铵态氮 $=7\times10^{-6}$ 时所需硝酸铵的量。

$$W=\frac{C\times M}{A}\times\frac{100}{P}$$

已知 C=7，M=80，A=14，P=95，则：

$$W=\frac{7\times80}{14}\times\frac{100}{95}=42.1\text{mg}$$

由公式 $C2=\frac{A2}{A1}\times C1$，可计算出当铵态氮 $=7\times10^{-6}$ 时，

$C2=7\times10^{-6}$（即硝酸铵提供的硝态氮的浓度）。

4. 计算硝酸钾的用量

硝酸铵的总需求量为 189×10^{-6}，现在已有 130×10^{-6}（硝酸钙提供的硝态氮）$+7\times10^{-6}$（硝酸铵提供的铵态氮）$=137\times10^{-6}$，所以还需补充的氮为（189-137）$\times10^{-6}=52\times10^{-6}$。所差的这 52×10^{-6} 硝态氮可用硝酸钾来补充。

根据公式可计算出提供 52×10^{-6} 氮时所需硝酸钾的用量。

$$W=\frac{C\times M}{A}\times\frac{100}{P}$$

已知 $C=52\times10^{-6}$，M=101，A=14，P=95，代入公式得：

$$W=\frac{52\times101}{14}\times\frac{100}{95}=394.89\text{mg}$$

与此同时，可算出 394.89mg 的硝酸钾所供钾的浓度，代入公式得：

$$C2=\frac{39}{14}\times52\times1=145\times1$$

配方中需要的钾为 362×10^{-6}，现已有 145×10^{-6} 的钾，尚需（362-145）$\times10^{-6}=217\times10^{-6}$ 的钾。

5. 计算所需的磷酸二氢钾和硫酸钾的用量

如果仅用磷酸二氢钾来补充 217×10^{-6} 的钾时，不难看出钾满足了，但磷的量会超过需要。因此，现在首先计算出提供 46.5×10^{-6} 的磷所需的磷酸二氢钾的量，即：

$$W=\frac{C\times M}{A}\times\frac{100}{P}=\frac{46.5\times136}{31}\times\frac{100}{98}=208.16mg$$

由 208mg 的磷酸二氢钾所供应钾的量，代入公式：

$$C2=\frac{A2}{A1}\times C1=\frac{39}{31}\times46.5=58.5\times10^{-6}$$

前面已算出需要钾 217×10^{-6}，现在 208mg 的磷酸二氢钾已有钾 58.5×10^{-6}，还差（217−58.5）$\times10^{-6}$=158.5 的钾，由硫酸钾补充提供，根据公式：

$$W=\frac{C\times M}{A}\times\frac{100}{P}=\frac{158.5\times174}{2\times39}\times\frac{100}{98}=360.79mg$$

即补充 360.79mg 的硫酸钾。

6. 计算所需的硫酸镁的用量

营养液中镁的供应通常都由硫酸镁提供，按配方要求，溶液中 42.5×10^{-6} 的镁所需硝酸镁的用量为：

$$W=\frac{C\times M}{A}\times\frac{100}{P}=\frac{42.5\times120}{24.3}\times\frac{100}{45}=466.39mg$$

由硫酸镁和硝酸镁所提供的硫元素的总量为 120×10^{-6}，符合配方要求。但是，由于植物对硫元素的多少，反应不十分敏感，因此，硫元素的用量一般可以不计算。

7. 计算所需的微量元素的用量

微量元素的计算比较简单，由于微量元素的需要量较少，因此，各微量元素均可单独计算。根据公式：

$W=\frac{C\times M}{A}\times\frac{100}{P}$，即可算出其化合物的用量：

$$\text{螯合铁 } W=\frac{0.84\times421}{56}\times\frac{100}{98}=6.44mg$$

$$\text{硫酸锰 } W=\frac{0.55\times1\,691}{56}\times\frac{100}{98}=1.72mg$$

$$\text{硫酸锌 } W=\frac{0.33\times288}{65.4}\times\frac{100}{99}=1.46mg$$

$$\text{四硼酸钠 } W=\frac{0.27\times381}{10.8\times4}\times\frac{100}{100}=2.38mg$$

$$硫酸铜\ W=\frac{0.05\times 250}{64}\times\frac{100}{99}=0.20mg$$

$$钼酸钠\ W=\frac{0.05\times 242}{96}\times\frac{100}{99}=0.13mg$$

根据以上计算结果，可以得出番茄营养液配方每升水中应加入肥料的量为：

① 硝酸钙 W=1 216mg；

② 硝酸钾 W=395mg；

③ 硝酸铵 W=42.1mg；

④ 磷酸二氢钾 W=208mg；

⑤ 硫酸钾 W=393mg；

⑥ 硫酸镁 W=466mg；

⑦ 螯合铁 W=6.44mg；

⑧ 硫酸锰 W=1.72mg；

⑨ 硫酸锌 W=1.46mg；

⑩ 四硼酸钠 W=2.38mg；

⑪ 硫酸铜 W=0.20mg；

⑫ 钼酸钠 W=0.13mg。

二、毫摩尔（mmol/L）计算法

这里仍以荷兰番茄营养液配方为例，用化合物摩尔平衡法得出，如表 1–5 数据所示。

表 1–5　荷兰番茄营养液毫摩尔法配方的化合物组配平衡参数

化合物	浓度（mmol/L）	硝态氮 13.5	铵态氮 0.5	磷 1.5	硫 3.75	钾 9.25	钙 4.625	镁 1.75
硝酸钙	4.625	9.25	—	—	—	—	4.625	—
硝酸钾	3.75	3.75	—	—	—	3.75	—	—
硝酸铵	0.5	0.5	0.5	—	—	—	—	—
磷酸二氢钾	1.5	—	—	1.5	—	1.5	—	—
硫酸钾	2	—	—	—	2	4	—	—
硫酸镁	1.75	—	—	—	1.75	—	—	1.75

用化合物的毫摩尔数乘分子量，即得每升溶液中所需化合物的毫克数。但是由于化肥中通常含有杂质，故应先除以百分纯度，然后乘毫摩尔数，现计算如下：

1. 硝酸钙用量的计算

硝酸钙的分子量为236，其中硝酸钙的纯度为62.5%，分子量为164，则：

164 ÷ 0.625 × 4.625=1 213.60（mg/L）

2. 硝酸钾的用量计算

101 ÷ 0.95 × 3.75=398.68（mg/L）

3. 硝酸铵的用量计算

80 ÷ 0.95 × 0.5=42.11（mg/L）

4. 磷酸二氢钾用量的计算

136 ÷ 0.98 × 1.5=208.16（mg/L）

5. 硫酸钾的用量计算

174 ÷ 0.90 × 2=386.67（mg/L）

6. 硫酸镁 · $7H_2O$ 用量的计算

120 ÷ 0.45 × 1.75=466.67（mg/L）

三、第三种配方计算方法

根据表1-6用 1×10^{-6} 元素所需肥料的用量：乘以该元素所需的 10^{-6} 数，即可求出营养液中该元素所需的肥料用量。

第一步计算用 185.4×10^{-6} 钙所需硝酸钙的量：185.4 × 4.55（1×10^{-6} 钙所需的硝酸钙）=844mg或185.4 × 6.57（1×10^{-6} 钙所需的四水硝酸钙）=1 218mg，由于 1×10^{-6} 钙所需的四水硝酸钙中含有 0.77×10^{-6} 的氮，则185.4 × 0.7=130×10^{-6} 的氮。

第二步计算用 7×10^{-6} 铵态氮所需的硝酸铵的量：7 × 6.02（1×10^{-6} 铵态氮所需的硝酸铵）=42.1mg。由于 1×10^{-6} 铵态氮的硝酸铵中含有 1×10^{-6} 硝态氮，则7 × 1=7×10^{-6} 的氮。由第一步和第二步可得，现已有（130×10^{-6}）+（7×10^{-6}）=137×10^{-6} 的氮。

根据配方要求，氮的需要量总共为 189×10^{-6}，需要补充的氮为189−137=52×10^{-6}。

第三步计算用 52×10^{-6} 的氮所需的硝酸钾的量：52 × 7.6（1×10^{-6} 氮所需的

硝酸钾的量）=395mg。

第四步计算用 46.5×10^{-6} 磷所需的磷酸二氢钾的量：由表 1–6 查出 1×10^{-6} 的磷需 4.48mg/L 的磷酸二氢钾，则需 46.5×4.48=208mg 的磷酸二氢钾。第三步所施硝酸钾（52×10^{-6} 的氮）中，钾的百万分浓度数为 $52\times2.79\times10^{-6}=145.08\times10^{-6}$，第四步所用磷酸二氢钾（$46.5\times10^{-6}$ 的磷）中含钾为 $46.5\times1.26\times10^{-6}=58.59\times10^{-6}$，则已供的钾为（145+58.5）$\times10^{-6}=203.5\times10^{-6}$，根据配方要求，总的需钾量为 362×10^{-6}，则尚需补充（363–203.5）$\times10^{-6}=159.5\times10^{-6}$。

第五步计算用 158.5×10^{-6} 的钾所需的硫酸钾的量：158.5×2.48=393.08mg/L。

第六步计算用所需镁的量：按配方中需镁量为 42.5×10^{-6}，表 1–6 中每 1×10^{-6} 镁需硫酸镁 10.97mg/L，则 42.5×10.97=466.23mg/L。

第七步计算微量元素的配方（略）。

表 1–6　1×10^{-6} 元素所需肥料用量

元素	化肥	分子式	分子量	实际需量（mg/L）	含其他元素浓度（$\times10^{-6}$）	肥料纯度（%）
磷	磷酸二氢铵	$NH_4H_2PO_4$	115	3.99	0.45 N	93
氮	磷酸二氢铵	$NH_4H_2PO_4$	115	8.83	2.21 P	93
氮	硫酸铵	$(NH_4)_2SO_4$	132	5.02	1.14 S	94
氮铵态	硫酸铵	NH_4NO_3	80	5.83	1.00 NO_3^-	98
氮硝态	硝酸铵	NH_4NO_3	80	5.83	1.00 NH_4^+	98
氮	硝酸钾	KNO_3	101	7.59	2.79 K	95
钾	硝酸钾	KNO_3	101	2.73	0.36 N	95
氮	硝酸钙	$Ca(NO_3)_2$	164	6.51	1.43 Ca	90
钙	硝酸钙	$Ca(NO_3)_2\cdot4H_2O$	236	6.56	0.70 N	90
磷	磷酸二氢钙	$Ca(H_2PO_4)_2$	234	4.10	0.65 Ca	92
钙	磷酸二氢钙	$Ca(H_2PO_4)_2$	234	6.36	1.55 P	92
钾	硫酸钾	K_2SO_4	174	2.48	0.41 S	90
钾	氯化钾	KCl	74.5	2.01	0.91 Cl	95
镁	硫酸镁	$MgSO_4$	120	11.11	1.33 S	45
钙	氯化钙	$CaCl_2$	111	3.70	1.78 Cl	75

（续表）

元素	化肥	分子式	分子量	实际需量（mg/L）	含其他元素浓度（$\times 10^{-6}$）	肥料纯度（%）
磷	磷酸二氢钾	KH_2PO_4	136	4.48	1.26 K	98
钾	磷酸二氢钾	KH_2PO_4	136	3.56	0.79 P	98
铁	螯合铁	$EDTA\text{-}FeNa \cdot 3H_2O$	421	7.59	—	99
铁	硫酸亚铁	$FeSO_4 \cdot 7H_2O$	278	14.18	—	35
锰	硫酸锰	$MnSO_4 \cdot H_2O$	169	3.14	—	98
硼	硼砂	$Na_2B_4O_7 \cdot 10H_2O$	381	8.84	—	98
硼	硼酸	H_3BO_3	62	5.75	—	98
锌	硫酸锌	$ZnSO_4 \cdot 7H_2O$	287.5	4.48	—	98
铜	硫酸铜	$CuSO_4 \cdot 5H_2O$	249.5	3.97	—	99
钼	过钼酸铵	$(NH_4)_6Mo_7O_{24} \cdot 4H_2O$	1236	1.86	—	99
钼	钼酸钠	$Na_2MoO_4 \cdot 4H_2O$	242	2.55	—	99

第四节　营养液的制备与调整

一、营养液的制备

营养液的制备，没有绝对的原则，一般是容易与其他化合物起化合作用而产生沉淀的盐类，在浓溶液时不能混合在一起，但经过稀释后就不会产生沉淀，此时可以混合在一起。

在制备营养液的许多盐类中，以硝酸钙最易和其他化合物起化合作用，如硝酸钙和硫酸盐混在一起容易产生硫酸钙沉淀，硝酸钙的浓溶液与磷酸盐混在一起，也容易产生磷酸钙沉淀。

在大面积生产时，为了配制方便，以及在营养液膜系统中自动调整营养液，一般都是先配制浓液（母液），然后再进行稀释，因此就需要两个溶液罐，一个盛硝酸钙溶液，另一个盛其他盐类的溶液。此外，为了调整营养液的 pH 值的范围，还要有一个专门盛酸的溶液罐，酸液罐一般是稀释到 10% 的浓度，在自动循环营养液栽培中，这3个罐均用pH仪和EC仪自动控制。当栽培槽中的营养液浓度下降到标准浓度以下时，浓液罐会自动将营养液注入营养液槽，此外，当营养液中的pH值超过标准时，酸液罐也会自动向营养液槽中注入酸，在非循环系统中，也需要这3个罐，从中拿出一定数量的母液，按比例进行稀释后灌溉植物。

浓液罐里的母液浓度，一般比植物能直接吸收的稀营养液浓度高出100倍，即浓液与稀液比为1∶100。但硬水和软水配制营养液浓度的配比不同，表1–7为硬水的浓液配方。

表1–7　硬水地区的浓液配方（英国农业部，1981）

浓液	配方
浓液Ⅰ	5.0kg硝酸钙溶解于100L水中
浓液Ⅱ	100L水溶解以下各种肥料： 8kg硝酸钾（KNO_3） 4kg硫酸钾（K_2SO_4） 6kg硫酸镁（$MgSO_4$） 600g硝酸铵（NH_4NO_3） 300g螯合铁（Fe-EDTA） 40g硫酸锰 $MnSO_4 \cdot H_2O$ 24g硼酸（H_3BO_3） 8g硫酸铜 $CuSO_4 \cdot 5H_2O$ 4g硫酸锌 $ZnSO_4 \cdot 7H_2O$ 1g钼酸铵 $[(NH_4)_2MoO_4]$
浓液Ⅲ	6L硝酸和3L磷酸加入水中，使总量达到100L

表1–7中磷和氮的不足部分由硝酸和磷酸供给，钙除了硝酸钙外，不包括水中含钙的浓度，这里K/N比值达2.55，加酸后其比例会下降。浓液Ⅱ中没有磷肥，所需的磷主要从磷酸中供给（浓液Ⅲ）。

在种植番茄时，第一穗果开始膨大，此时对钾的需求量增加，营养液中应增加钾的浓度，同时也应提高电导度。在果实开始采收，也就是定植后第8周，浓液罐中的硝酸钙和硫酸镁的含量应该减少，这样可以促进更多的钾进入营养液系统。

如果你所用的水含钙量很高，溶液中钙的含量不断积累，配制营养液时就应当减少硝酸钙的用量，如水中含有120×10^{-6}的钙，则硝酸钙可以完全不加，此时应增加硝酸钾 0.86kg，减少硫酸钾 0.74kg，如果 Ca^{2+}、Na^{+}、SO_4^{2-} 和 Cl^{-} 等在溶液中不断积累，营养液就应该全部更换。

在软水地区配制营养液应该增加硝酸钙用量，使钙浓度达到 120×10^{-6} 以上。同时，碳酸盐的浓度低，因此配制营养液时酸的用量也减少了。但此时应该采用磷酸二氢钾来增加磷，同时 K/N 比也比较合适，表 1-8 为利用软水配制的 1：100 营养液浓度配方。

浓液Ⅰ和浓液Ⅱ稀释 100 倍后，它们的浓度分别为：氮为 214×10^{-6}、磷为 68×10^{-6}、钾为 434×10^{-6}、镁为 59×10^{-6}、钙为 128×10^{-6}、铁为 4.5×10^{-6}、硼为 0.4×10^{-6}、锰为 1×10^{-6}、铜为 0.2×10^{-6}、锌为 0.09×10^{-6} 和钼为 0.05×10^{-6}。

表 1-8 中氮可从硝酸中供应一部分，但数量很少，水中的钙没有计算在硝酸钙里。

表 1-8 软水地区的浓液配方（英国农业部，1981）

浓液Ⅰ	7.5kg 硝酸钙溶解于 100L 水中
浓液Ⅱ	100L 水溶解以下各种肥料： 9.0kg 硝酸钾（KNO_3） 3.0kg 磷酸二氢钾（KH_2PO_4） 6.0kg 硫酸镁（$MgSO_4$） 300g 螯合铁（Fe-EDTA） 40g 硫酸锰（$MnSO_4\cdot H_2O$） 24g 硼酸（H_3BO_3） 8g 硫酸铜 $CuSO_4\cdot 5H_2O$ 4g 硫酸锌 $ZnSO_4\cdot 7H_2O$ 1g 钼酸铵 $[(NH_4)_2MoO_4]$
浓液Ⅲ	10L 硝酸加入 100L 水中

二、营养液的调整

不同的植物种和品种，具有不同的营养需要，特别是对氮、磷和钾，同一植物在其生长的不同阶段，常用不同营养液浓度。番茄生长的幼苗期、结果盛期和生长后期，应该用 3 种不同的营养液浓度，其他作物也与此类似。以氮、钾比为例，在番茄生长的初期，氮和钾的吸收比例为 K/N=2.5/1（按重量计算）。

随着果实的增大，氮的吸收量减少，而钾的吸收量大大增加，因此其吸收比例为 K∶N=2.5∶1。当第一穗果采收后，植株又开始迅速生长，氮和钾的吸收量增加，但 K∶N 的吸收比例下降到 2∶1。

在封闭式无土栽培系统中，营养液能进行循环利用。由于作物在生长发育过程中，根系吸收营养元素，同时也会释放一些有机酸和糖类物质，使营养液的酸碱度和成分发生变化，必须及时加以调整，才能满足作物正常生长的需要。营养液的电导度太低时，应加入已配制好的母液，反之 EC 值太高，则应加清水进行调整。电导度（EC）的测量比较简单，但电导度表示的是溶液的总盐浓度，而不表示当时溶液中大量元素和微量元素的浓度。因此要定期进行化学分析，一般大量元素（氮、磷、钾、钙、镁和硫）是每 2~3 周分析 1 次，微量元素（硼、铜、铁、锰、钼和锌）是每 4~6 周分析 1 次，然后根据分析结果进行调整。

一些缺乏化学分析手段的无土栽培生产单位，也可采用以下方法来管理营养液：第一周使用新配制的营养液，在第一周末添加原始配方营养液的 50%，在第二周末把营养液罐中所剩余的营养液全部倒掉，从第三周开始再重新配制新的营养液，并重复以上过程。这种管理方法非常简单，可供缺乏分析手段的生产单位应用。

尽管开放式无土栽培系统中营养液不需进行监测，但栽培基质则需进行监测。当灌溉水盐度较高或无土栽培系统设置在高温、强日照地区时，生长基质的监测就尤其重要。为了防止基质中盐的累积，每次灌溉时都应有一小部分（20%）的营养液从栽培床中排出。如果从栽培床中排出水分的盐度达到 $3\,000 \times 10^{-6}$ 或更高时，则必须利用清水来冲洗栽培床。

三、营养液的增氧措施

作物根系发育需要有足够的氧气供给，虽然无土栽培显著地改善了作物的根系环境条件，但在无土栽培时，尤其是营养液栽培时，如处理不当，也易产生缺氧，影响根系和地上部分的正常生长发育。

在营养液循环栽培系统中，根系呼吸作用所需的氧气主要来自营养液溶解的氧。增氧措施主要是利用机械和物理的方法来增加营养液与空气的接触机会，增加氧在营养液中的扩散能力，从而提高营养液中氧气的含量。常用的加氧方法有落差、喷雾、搅拌和压缩空气 4 种（图 1–3）。

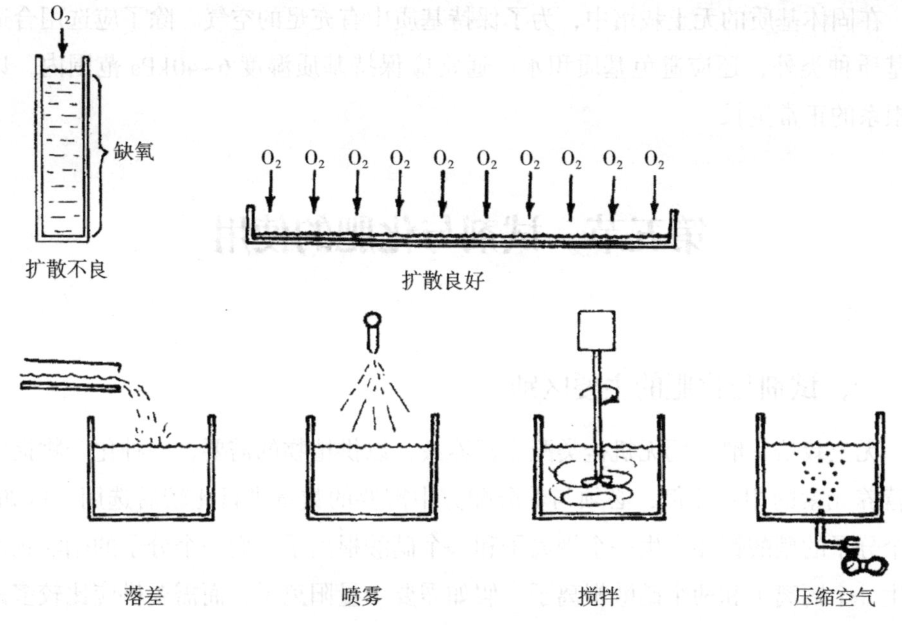

图 1-3　营养液中加氧的方法

夏天气温高，可以将营养液池建在地下来降低营养液的温度以增加溶氧量。另外，也可以降低营养液的浓度来增加溶氧量，有试验证明每降低电导度 0.25mS/cm，约可增加氧量 0.1×10^{-6}，如图 1-4 所示。

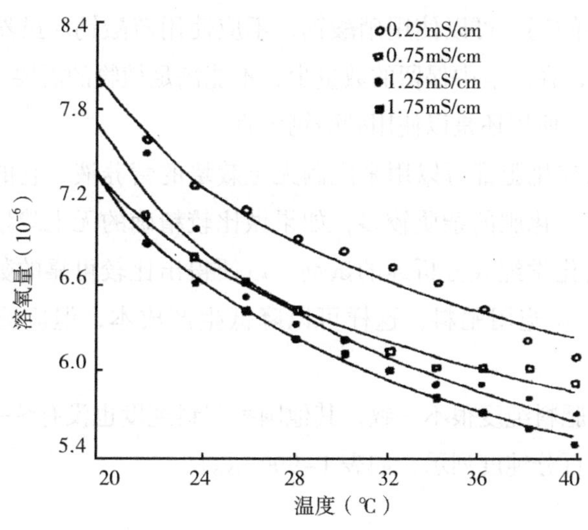

图 1-4　不同温度与浓度下水溶液的溶氧量

在固体基质的无土栽培中，为了保持基质中有充足的空气，除了应选用合适的基质种类外，还应避免基质积水。通常应保持基质湿度 6~40kPa 范围内，以利根系的正常生长。

第五节　试剂与化肥的使用

一、试剂与化肥的主要区别

无土栽培一般采用无机盐类配制营养液，以供植物的需要，一种化合物提供的营养元素的相对比例，必须与养分配方中需要的数量进行比较后选用。例如，一个分子的硝酸钾能产生一个钾离子和一个硝酸根离子，而一个分子的硝酸钙则产生一个钙离子和两个硝酸根离子。假如需要少量阳离子，而需要供应比较多的硝酸根离子，则应当使用硝酸钙，也就是说有硝酸钾摩尔数量一半的硝酸钙，就能满足植物对硝酸根离子的需要。

用于配制营养液的不同盐类有不同的溶解度。溶解度就是在一定的温度和压力下，某种物质在 100g 水或其他溶剂中所溶解的最大克数。溶解度大的盐类，就是容易溶解的盐类。只有少数的盐类能溶解于水。配制无土栽培的营养液必须用易于溶解的盐类，因为它们能大量保留在溶液中，以满足植物的需要。例如，配制营养液需要的钙，可以使用硝酸钙，不应使用硫酸钙。虽然硫酸钙价格便宜，但溶解度低，在溶液中保留的数量少，不能满足植物的需要；硝酸钙价格较贵，但易于溶解，所以还是以使用硝酸钙为宜。

无论是试剂或化肥都可以用来配制无土栽培的营养液，它的主要区别在于试剂的纯度较高，化肥的杂质较多，如果做比较精确的无土栽培试验，在配制营养液时要选用化学纯或分析纯的试剂，以便得出比较可靠的数据。在生产上进行无土栽培需要施用肥料，这样可以降低生产成本，但应选择纯度较高的肥料。

我国生产的肥料纯度很不一致，其他国家肥料纯度也没有统一的标准，现把一些常用肥料的百分纯度列示，如表 1-9 所示。

表 1-9 常用肥料的百分纯度

肥料名称	纯度（%）
磷酸二氢铵（食品级）	93
硫酸铵	94
硝酸铵	98
硝酸钾	95
硝酸钙	90
磷酸一钙	92
硫酸钾	90
硫酸镁	45
磷酸二氢钾	98

一般对化学肥料纯度的计算，是根据标明的分子式及所含结晶水数量的多少进行的，结晶水则被认为是杂质。如硝酸钙含有4分子结晶水[$Ca(NO_3)_2 \cdot 4H_2O$]，则其纯度下降到66%；硫酸镁含有7分子的结晶水，因此其百分纯度只有45%。

二、无土栽培常用的肥料和试剂

1. 硝酸钙

分子式为$Ca(NO_3)_2$，分子量为164.1，含钙量为24.43%，含氮（硝态氮）量为17.07%。也常使用含水硝酸钙[$Ca(NO_3)_2 \cdot 4H_2O$]，分子量为236，含17%的钙和12%的氮，为白色细小晶体，易溶于水，在空气中易吸水潮解。由于农田施肥很少施用，因此市场上很难买到。可以使用工业品的硝酸钙，也可用其他代用品，或用硝酸与碳酸钙反应，自己制造。

2. 硝酸钾

分子式为KNO_3，分子量为101.10，含氮（硝态氮）量为13.85%，含钾量为38.67%，为无色或白色晶体，在水中的溶解度，0℃时为13%，100℃时246%。在室温以上，溶解度随温度的上升而增加，比重为2.1，属于中性化合物。它的氮：钾比约为1：3。

硝酸钾又名硝石、土硝或盐硝。自古以来是配制火药的原料，因此又名火硝，是一种强的氧化剂，遇火能爆炸，因此在运输和贮存时均应注意安全。但这里必须区别的是硝酸钾不是智利硝石，因为智利石是硝酸钠，分子式为$NaNO_3$。

3. 硫酸铵

分子式为 $(NH_4)_2SO_4$，分子量为 132.13，含氮（铵态氮）量为 21.20%，含硫量为 24.20%。国产硫酸铵含氮量为 20.6%~21%，一般为白色颗粒晶体，易溶于水，在无土栽培中也可占有一定的比例。两种氮素配合使用，效果良好。

4. 硝酸铵

分子式为 NH_4NO_3，分子量为 80.04，含氮量为 35%，其中铵态氮与硝态氮各占一半，为无色或白色晶体颗粒或粉末，比重 0.7~1。容易潮解，也易溶于水，遇火花或明火时能爆炸，可作炸药的原料，也可以和其他农药混合做成防治病虫害的烟雾剂，运输和贮藏均应注意安全。

5. 硫酸钾

分子式为 K_2SO_4，分子量为 174.25，含钾量为 44.88%，含硫量为 18.44%。为无色坚硬结晶或白色结晶颗粒或粉末，比重为 2.66，在空气中性质稳定，水溶液呈中性，是良好的无土栽培用钾肥。

6. 硫酸镁

分子式为 $MgSO_4 \cdot 7H_2O$，分子量为 246.5。在医药上称为泻盐，含 9.86% 的镁，13.01% 的硫。为无色结晶或白色颗粒或粉末，易溶于水，在无土栽培中为镁的优良供给者。

7. 硫酸铜

分子式为 $CuSO_4 \cdot 5H_2O$，分子量为 249.68，含铜量为 25.45%，含硫量为 12.84%。为蓝色结晶，又称蓝矾、孔雀石或结晶硫酸铜，呈颗粒或粉末状，在干燥空气中能风化成白色粉末状的无水硫酸铜，易溶于水，为植物铜的良好来源。

8. 硫酸锰

分子式为 $MnSO_4 \cdot 4H_2O$，分子量为 223，含锰量为 23.5%，一般呈粉红色晶体，因其含水量不同，而有不同的级别，我国规定二级试剂含量不少于 99%，三级试剂 98%，是无土栽培中锰的主要来源。

9. 硫酸锌

分子式为 $ZnSO_4 \cdot 7H_2O$，分子量为 287.54，含锌量为 22.74%，含硫量为 11.15%，为白色结晶或粉末，在干燥的空气中能风化成白色粉末，易溶于水，是无土栽培中锌的来源，也可以用氯化锌。

10. 磷酸二氢铵

也称磷酸一铵，分子式为 $NH_4H_2PO_4$，分子量为 115.03，纯品为白色结晶，含氮量为 12.18%，含磷量为 26.93%。它由无水铵和磷酸作用制成，生产的肥料有时带灰色，含氮量为 11% ~13%，含磷量为 12% ~14%，在空气中性质稳定，易溶于水。

11. 磷酸氢二铵

也称磷酸二铵，分子式为 $(NH)_2HPO_4$，分子量为 132.06，可由过量的氨与磷酸作用制成。纯品含氮量为 21.21%，含氮量为 23.46%，一般作为肥料者含有 16% ~21% 的氮和 20%~21% 的磷，在 149~204℃时即变为不稳定。

12. 磷酸二氢钾

也称磷酸一钾，分子式为 KH_2PO_4，分子量为 136.09，纯品含钾量为 28.73%，含磷量为 22.76%。为无色或白色结晶或粉末，性质稳定，易溶于水，是一种优质的磷钾混合肥料。

13. 氯化钾

分子式为 KCl，分子量为 74.55，含钾量为 52.44%，含氯量为 47.56%。为无色结晶或白色结晶粉末，比重为 1.93，易溶于水，但遇铵盐时能形成吸湿性的氯化铵，无土栽培中只有水中氯化钠很少时才能使用。

14. 过磷酸钙

分子式为 $Ca(H_2PO_4) \cdot 2H_2O + CaSO_4 \cdot H_2O$，是硫酸加磷矿粉制成的。一般为灰色颗粒或粉末，按重量计，磷酸二氢钙占 2/5，石膏占 3/5。它含 7%~10% 的磷、19%~22% 的钙和 10%~12% 的硫，过磷酸钙中的磷有 3 种形式：$H_2PO_4^-$、HPO_4^{2-} 和 PO_4^{3-}，但主要为 $H_2PO_4^-$，占总量的 85%。过磷酸钙要选优质的，在基质栽培中与基质混合生成缓效性肥料，但是在水中溶解率很低，配制营养液时尽量不用。

15. 三倍过磷酸钙

分子式为 $CaH_4(PO_4) \cdot H_2O$，灰棕色或接近白色，呈粉状或颗粒状，具有酸味。一般过磷酸钙约含 7% 的磷（16% 的 P_2O_5），而这种肥料含 21% 的磷（43% 左右的 P_2O_5，3 倍于普通过磷酸钙，故称三倍过磷酸钙）。它是以磷酸作用于磷灰石制成的，故不含石膏，大部分磷可以溶解，但溶解率仍然较低，使用时可滤去不溶的部分。如混在无土基质中使用，成为缓效肥料，施用效果则更好。

16. 磷酸

分子式为 H_3PO_4，分子量为 98.00，含磷量为 31.61%。在制造过磷酸钙时，如过量的硫酸即能生成磷酸，因制法不同，磷酸的含量也不同。用湿法制成的磷酸，杂质多，含量为 28%~30% 的磷酸只能在土壤种植中使用。用电炉法制成的磷酸，杂质少，一般含磷酸量为 80%~85%。我国生产的工业用磷酸纯度为 85%，在无土栽培中磷酸是用作调节营养液的 pH 值，同时也增加营养液中磷的浓度。

17. 硫酸亚铁

分子式为 $FeSO_4 \cdot 7H_2O$，分子量为 278.01，含铁量为 20.09%，含硫量为 11.63%。硫酸亚铁为蓝绿色晶体，俗称绿矾，也称黑矾。硫酸亚铁性质常不稳定，易失水氧化而变成棕色的硫酸铁，特别是在高温、光照或有碱性物质存在的条件下。因它系一些工业的副产品，优点是来源广泛，价格便宜，可以为植物提供廉价营养；缺点是在营养液中容易与其他化合物结合产生沉淀。因此，很多配方改用螯合铁，但在基质栽培中与无土栽培混合使用，效果也较好。

18. 氯化铁

分子式为 $FeCl_3 \cdot 6H_2O$，分子量为 270.30，含铁量为 20.66%。为黄棕色或橙黄色块状结晶，稍有盐酸气味，极易潮解。溶解于水中是植物铁的一个来源，如水中氯化钠的浓度高，则应避免使用氯化铁。

19. 硼酸

分子式为 H_3BO_3，分子量为 61.83，含硼量为 17.48%。为无色或白色结晶粉末，易溶于热水，呈无色水溶液，可为作为营养液中硼所来源。

20. 硼砂

分子式为 $Na_2B_4O_7 \cdot 10H_2O$，分子量为 381.37，含硼量为 11.34%。为无色或白色晶体粉末，在干燥的空气中能风化，易溶于水而为植物所利用。

21. 过钼酸铵

分子式为 $(NH_4)_6Mo_7O_{24} \cdot H_2O$，分子量为 235.86，含钼量为 54.34%。也有无水的产品，呈白色、无色、浅黄或浅绿色结晶或粉末，易溶于水，在无土栽培中是钼的良好来源。

钼酸钠也常作为无土栽培配制营养液的钼来源，含钼量为 39%~65%。

22. 尿素

分子式为 NH_2CONH_2，分子量为 60.03，含氮量为 46%。在高温时容易挥发，易溶于水，在低温季节硝化分解较慢，无土栽培中应用较少，在叶菜栽培中有少量应用。

23. 铁螯合物

在无土栽培中最常用的螯合物为螯合铁，同时也有锰、锌等螯合物，但不如螯合铁应用得那么普遍。铁螯合物为浅棕色或暗棕色粉末物质，这种螯合铁能在营养液中保持有效的状态。

铁螯合物有乙二胺四乙酸一钠铁（NaFeEDTA）、乙二胺四乙酸二钠铁（Na_2FeEDTA）、二乙三胺五乙酸一钠铁（NaFeDTPA）和羟乙基乙二胺三乙酸一钠盐（NaFeHEEDTA），NaFeEDTA 和 Na_2FeEDTA 为广泛使用的螯合物。三价螯合铁的分子量为 367.05，含铁量为 15.22%，系黄色结晶粉末，易溶于水。二价螯合铁的分子量为 390.04，含铁量为 14.32%，系黄色结晶粉末，溶于水，四级试剂含量不少于 99%。

其他螯合铁也可以使用，特别是 EDDHA 铁，能克服 EDTA 铁在碱性溶液中效率低的缺点。草酸亚铁（$FeC_2O_4 \cdot 2H_2O$），也有作螯合铁使用的，系浅黄色结晶，微溶于水，溶于稀酸，含铁量为 31.04%，在石蕊试纸中具有中性反应。

第六节　无土栽培对水质的基本要求

一、水质的一般标准

水是唯一的一种液体基质，也是营养液中养分的介质，也有把它当作非基质的。不管怎样，水在无土栽培中占有重要地位，水质的好坏对无土栽培具有重要影响。水质的好坏决定于许多因素，其中包括总盐量、pH 值和有毒离子。有的天然水含有有机质（腐殖质），这种有机质一般不会构成问题，往往还具有好的作用。不过数量过大时，会降低 pH 值和微量元素的供应，有时吸收一些物质达到产生毒害的程度。有的地区，水会受到农业和工业废物如农药和其他物质的污染，当污染程度达到使植物中毒时，不能使用，或者需经过处理后才可使用。

水中可溶性固体物质是最常见的影响水质因素之一。可溶性固体物质是水质测定的一个重要指标。当水中的可溶性盐类增加时，盐渍度也随之增加。水中可溶性固体物质的含量范围是相当大的，中国南方地区水中的可溶性固体物质一般较少，可以从每千克数十毫克到数百毫克。如华北地区特别是西北地区，其含量可以为每千克数百毫克到数千毫克。同一地区，由于水的来源不同，水中的可溶性固体物质含量也可以有大的差别。再如北京市西郊的八里庄地区，其含量可以不到每千克为 1 毫克，而丰台一带的地下水则每千克含有数千毫克。不过北京地区的水质有逐渐变好的趋势，现在水壶中的壶锈，明显有所减少。这主要是由于使用水库水的原因。海水中的可溶性固体含量约为 $3\,000 \times 10^{-6}$。

水中可溶性固体物质含量，可以用一定量的水蒸发进行测定。但是，这种方法太麻烦，最简便而常用的方法为电导率（EC）法。其单位为毫西门子 / 厘米（mS/cm，简称毫西）。这是对可溶性盐所传导的电流的测定，这种测定可以和用可溶性固体物质测定法获得同的数据，但它们的表现形式不同。一个毫西的数值相当于 500×10^{-6} 氯化钠的量，由于水中盐分的不同，其电导率也会有一定的变异。电导率可以测定水中的盐分总浓度，但不能测定每一种元素的浓度。任何一种元素的高浓度都会对植物造成危害，不过一些大量元素如钙、氮、磷、钾和硫酸根，不会表现出造成植物中毒的高浓度。但是有些元素如钠、镁、锰、硼和锌会出现使植物中毒的高浓度。根据美国公开发表的资料，有关水质的一些标准如表 1–10 所示。

表 1–10 中的中毒界限主要是针对番茄和生菜的，对其他作物可供参考。

表 1–10　灌溉水、饮用水和无土栽培的水质标准　（单位：mg/L）

元素	连续进行土壤灌溉用水	短期对疏松土壤灌溉用水	饮用水	无土栽培用水
铍	0.5	1.0	—	—
硼	0.75	2.0	—	—
镉	0.09	0.05	0.05	0.01
铬	5.0	20.0	0.005	1.09
钴	0.2	10.0	—	0.38
铜	0.2	5.0	1.0	0.47
氟	—	—	0.7	—
铁	—	—	0.3	—
铝	5.0	20.0	0.05	—
锂	5.0	5.0	—	—
锰	2.0	20.0	0.05	—
钼	0.005	0.05	—	—
镍	0.5	2.0	—	0.55
硒	0.05	0.05	0.01	—
钒	10.0	10.0	—	0.41
锌	5.0	10.0	0.5	2.06

从表 1–10 可以看出，土壤灌溉用水所含的元素浓度远高于无土栽培用水，

因为土壤的缓冲能力大，有机质也能吸附一些有害元素，实际上植物直接吸收的元素浓度并不高，而无土栽培用水因无缓冲能力，许多元素必须比土壤灌溉用水低，否则就会产生毒害。因此，农田用水不一定都能适应无土栽培的要求，有时水中其他元素都适合，只有某一元素过量，就会造成对植物的危害。例如，硼的危害，对硼敏感的植物在 0.5×10^{-6} 以上的浓度就会受害，只有对硼耐性强的植物，才能忍受 1×10^{-6} 以上的浓度。

二、软水与硬水的营养液配制

所谓硬水与软水，一般是以水中钙的含量多少来划分。目前以含钙在 90×10^{-6} 以上的称为硬水，不足 90×10^{-6} 的称为软水。软水地区除钙外，水中含的镁及其他盐类也比较少，电导率在 0.5mS/cm 左右，是比较好的水质，适于无土栽培。钙和镁在硬水中多以碳酸盐或硫酸盐形式存在，硫酸根离子是植物必需的养分，而碳酸根则不是，水中碳酸根太多，会影响营养液的 pH 值，导致部分营养元素产生沉淀，遇到这种情况时应及时调整 pH 值，北京市及周边地区的水属于硬水，钙的浓度大多在 100×10^{-6} 左右，电导率在 0.7mS/cm 左右。

配制营养液时要把水中元素含量计算在内，因此同样的营养配方，其化肥的用量不同。

营养液和天然水中盐的总浓度，有时用渗透压来表示，它是水的可利用性或活动性的一个测度，细胞间的渗透压差决定着水扩散的方向，渗透压与溶液中的溶质的颗粒数成正比，对无机物来说它决定于每单位体积中的离子数。

一般植物进行无土栽培时，水中氯化钠超过 50×10^{-6} 就会对植物的生长有不良的影响。有些学者研究了在总含盐量为 $3\,000 \times 10^{-6}$ 的盐水中，用来进行无土栽培的可能性，这就要考虑许多因素，需要选择耐盐的品种，譬如，番茄、香石竹、黄瓜和莴笋等，都有耐盐的品种。以番茄为例，即使耐盐品种，也比生长在淡水中的发芽时间延长 20%，产量降低 10%~15%，黄瓜产量则要降低 20%~25%。

三、收集雨水进行灌溉

世界上许多地方由于水质不良，影响无土栽培的灌溉效果，因此收集雨水用来灌溉，效果很好。具体做法是将温室屋顶的雨水，集中排放到一个收集池里，使用时再抽到温室里灌溉农作物。在西欧和北美淡水不足以及水质不良的一些国家和地区，采用上述措施是解决无土栽培用水的好方法。

第二章 营养液栽培模式

第一节 营养液膜技术

营养液膜技术（Nutrient Film Technique），简称 NFT 技术。NFT 技术是指营养液以浅层流动的形式在种植槽中从较高的一端流向较低的另一端的水培技术。由于这一层营养液很浅，约 0.5cm，像一层水膜，故称之为营养液膜技术。它是于 1973 年由印度的道格拉斯（Sholto Douglas）发明并命名的。1979 年，英国温室作物研究所的库柏（Allen Cooper）在此基础上改良，确定了 NFT 应用技术体系。此后，世界上许多国家都把它作为营养液栽培的主要方式之一开始推广，目前已成为植物工厂领域重要的水耕栽培手段。日本从 1980 年开始引进并首先在千叶县农业试验场进行研究试验。由于这种技术具有造价低廉、易于实现生产管理的自动化等特点，很快得到普及。中国于 1984 年开始这方面的研究，但主要局限于试验性研究，直到最近几年才扩大到生产应用领域。

一、NFT 技术特征

营养液膜技术是针对以往基质培或深液流水培种植槽等生产设施较为笨重、造价昂贵和根系通气供氧问题较难解决等问题而设计的。它的一个显著特征是种植槽中的营养液是以数毫米至 1~2cm 的浅层状态流动，作物根系只有一部分浸泡在这一浅层营养液中，而绝大部分的根系是裸露在种植槽潮湿的空气里，这样由浅层的营养液层流经根系时可以较好地解决根系的供氧问题，也能够保证作物对水分和养分的需求。同时，NFT 生产设施中的种植槽主要是由塑料薄膜或其他轻质材料做成的，使设施的结构更为简单和轻便，安装和使用更为便捷，大大降低了设施的基本建设投资，更易于生产中推广和应用。

二、NFT 设施结构

NFT 设施由种植槽、贮液池、营养液循环流动装置 3 个主要部分组成。也有的增加了浓缩营养液的自动供给装置，营养液加温、冷却和消毒装置等，如图 2-1 所示。

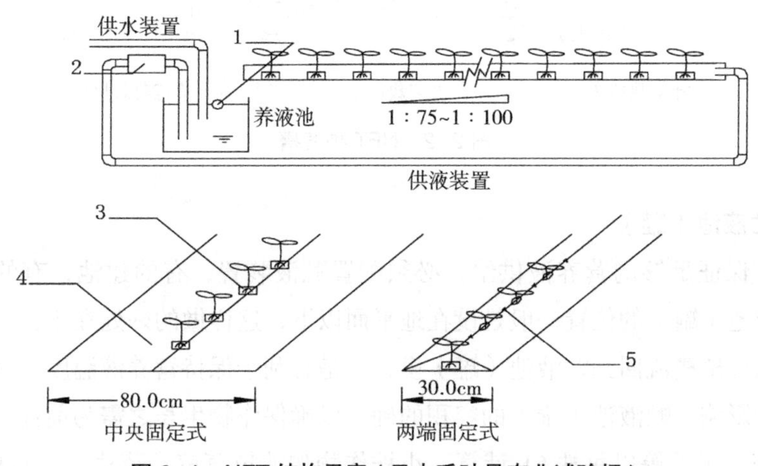

图 2-1　NFT 结构示意（日本千叶县农业试验场）

1. 浮球　2. 水泵　3. 基质培定植苗　4. 黑色塑料膜　5. 夹子

1. 种植槽

按照种植作物的不同，分为低架型和高架型两种。

（1）低架型。主要用于生产番茄、黄瓜和茄子等大株型作物。槽长 25m 左右，槽底宽 25~30cm，槽高 20~25cm，槽的坡降为 1：75~1：100。槽中的营养液以浅层的形式流动，深度为 10~20mm，每分钟营养液的流量达到 2~4L 时，可满足大多数作物生长需求。

（2）高架型。主要用于生产草莓、沙拉莴苣和菠菜等矮小型作物。与低架型种植槽相比，高架型种植槽必须适当增加种植密度才能保证小株型作物有较高的单产。可采用每行并排的密植槽，密度将视作物根的生长量而定。像草莓、沙拉莴苣约为 10 cm，即可保证营养液循环，种植槽的坡降为 1：80，槽长一般在 20m 左右为宜，如果过长，作物在营养液流入处和流出处就会出现生长不一致的现象。

为了促进根系的发育，槽沟不能过窄过浅，否则，随着根系的增大，会阻塞营养液流动，造成生长障碍。所以，要与根的增长相适应，适当大些深些。槽的高度一般在 80~100cm，可以避免或减少重复作业，减少劳动强度，如图 2-2 所示。

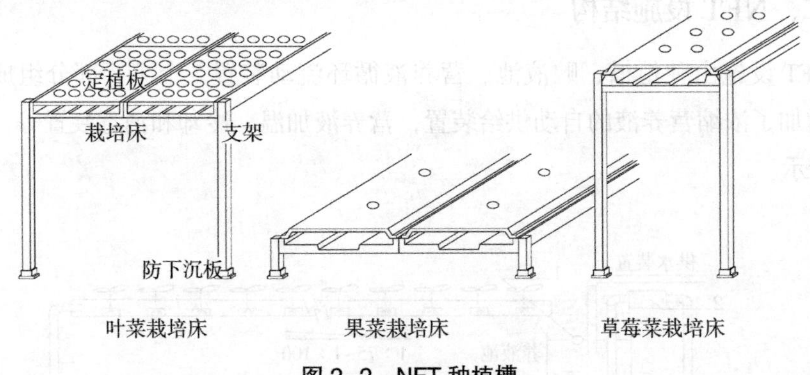

图 2-2　NFT 种植槽

2. 贮液池（罐）

为了保证足够的营养液供给，必须配置贮液装置，有的建池，有的直接用罐。贮液池（罐）的位置一般是设在地平面以下，这样做的好处在于：一是利于营养液从种植槽流回到贮液池（罐）里；二是有利于保持营养液温度，减少气温对液温的影响。贮液池（罐）的容积的确定以确保作物生长之需为前提，大株作物如番茄、黄瓜等以每株 5L 计算，小株作物如沙拉莴苣、菠菜等为每株 1L 计算。营养液少固然可以节省建设成本，但液温易受气温的影响。因此，必须添加

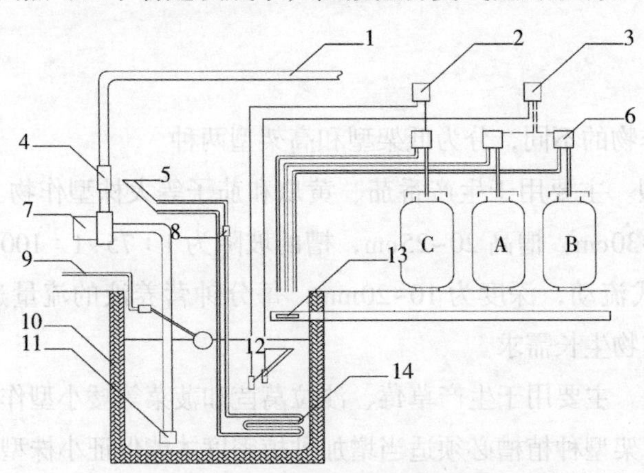

图 2-3　NFT 自动控制装置示意

1. 供液管　2. pH 值控制仪　3. EC 控制仪　4. 定时器　5. 暖气（冷水）管　6. 注入泵　7. 水泵　8. 暖气（冷水）控制阀　9. 水源和浮球阀　10. 贮液池　11. 水泵过滤网　12. EC 及 pH 值探头　13. 营养液回流管　14. 加温（冷却）管

加温、冷却装置。反之，适当增加营养液总量有利于稳定液温，但建设投资也相应增加。

3. 营养液循环流动装置

主要由水泵、进回流管道和调节阀门等部分组成，如图 2-3 所示。

三、NFT 式的优点和缺点

1. NFT 式的优点

（1）设施建设的投资较少，构造简单，制作容易。

（2）由于塑料膜系一次性使用，所以不需要进行栽培槽消毒，生产操作容易。

（3）根系呈网状，很发达，上部直接与空气接触，供氧充足。

（4）种植槽很轻，易于高架，可以减轻小株型作物（如草莓、生菜和菠菜等）生产过程中的劳动强度。

2. NFT 的不足

（1）营养液总量少，养分浓度变化大。

（2）根际温度受室内温度的影响大。

（3）系统封闭性强，根系密实度大，一旦发生根系病害，较容易传播甚至会蔓延到整个系统。

（4）一旦停电或水泵出现故障而不能及时循环供液时，很容易因缺水导致作物萎蔫。

第二节　深液流技术

深液流技术（Deep Flow Technique），简称 DFT 技术。DFT 技术是最早开发成可以进行作物商品生产的无土栽培技术。1929 年，美国的格里克（Gericke）采用这一技术取得了水耕栽培设施专利并首先用于商业化生产，此后的几十年间，世界各国对其作了不少改进，已成为一种有效实用的、具有竞争力的水耕栽培类型。在日本现已十分普及，并被认为是比较适用于发展中国家的栽培类型。在中国广东省等地区的应用过程中，也证明它比较适合中国现阶段的经济和技术水平。

一、DFT 技术特征

DFT 技术的特征主要表现在 3 个方面。

1. 深度

所用的营养液的液层以及盛载营养液的种植槽较深。根系伸展到较深的液层中，意味着每株占有的液量较多。由于液量多而深，营养液的浓度（包括总盐分、养分和溶存氧等）、酸碱度、温度以及水分存量都不易发生急剧变动，为根系提供了一个较稳定的生长环境。这是该技术的突出优点。

2. 悬浮

植株的根颈（植物主茎的基部发根处）离开液面，防止根颈被浸没于营养液中引起腐烂，而所伸出的根系又能触到营养液（沼泽植物和具有形成氧气输导组织功能的植物除外）。根系均匀悬浮于营养液中，这样一来，根系悬出的部分和伸到营养液中的部分都可以吸收到氧气，有利于根系发育。

3. 流动

营养液处于循环流动状态。流动不仅可以增加营养液的溶存氧，还可以消除根表有害代谢产物（最明显的是生理酸碱性）的局部累积，消除根表与根外营养液的养分浓度差，使养分能及时送到根表，更充分地满足植物的需要；促使因沉淀而失效的营养物重新溶解，以阻止缺素症的发生。所以即使是栽培沼泽性植物或能形成氧气输导组织的植物，也有必要使营养液循环流动。

二、DFT 技术利弊分析

1. 从有利的方面观察主要表现有 6 个方面

（1）设施内的营养液总量较多，营养液的组成和浓度变化缓慢，不需要频繁地调整浓度。

（2）床体中的热容量高，作物根圈温度变化不大，可以比较容易地进行加温或冷却。

（3）营养液循环系统中有空气混入装置，很容易调节溶存氧，根部对养分的吸收率高。

（4）可以在营养液循环过程中，对营养液浓度、养分和 pH 值等进行综合调控，保持营养液的稳定性。

（5）营养液仅在内部循环，不会流到系统外，因此，不会或很少对周围水体和土壤造成污染。

（6）适生作物的种类较多，除了块根、块茎作物外，生长期长的果菜类和生长期短的叶菜类皆可种植。

2. 从不利的方面观察主要表现有 3 个方面

（1）由于需要的营养液量大，贮液池的容积也要加大，成本相应增加。

（2）营养液处于循环状态，水泵运行时间长，动力消耗大。

（3）营养液循环在一个相对封闭的环境之中，一旦发生病原菌就有可能造成迅速传染甚至蔓延到整个种植系统。

三、DFT 主要设施

DFT 设施的种类较多，使用的材料也各不一样，但基本的结构是由种植槽、定植槽、网框、贮液池和营养液循环系统等组成。现在结合几种有代表性的设施作概要介绍。

1. 协和式

栽培槽是由硬质塑料制成的定型产品，槽的规格为槽宽 100cm，内径 90cm，槽长 315cm。现在经过改进，也可以用硬质塑料板、木板、钢板或水泥预制件

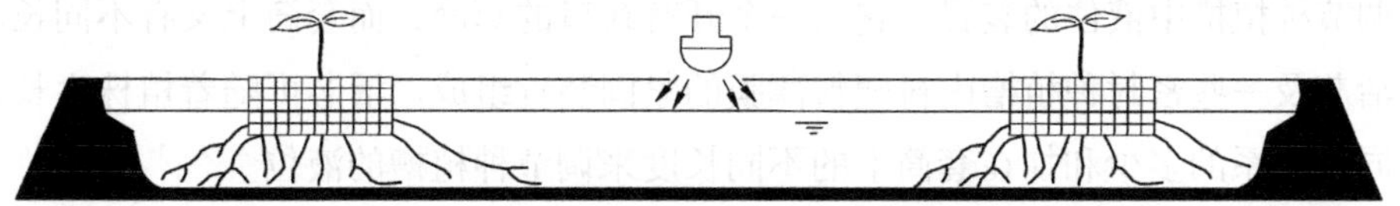

图 2-4　协和式水耕栽培槽

（外径 × 内径 × 长 =100cm × 90cm × 315cm）

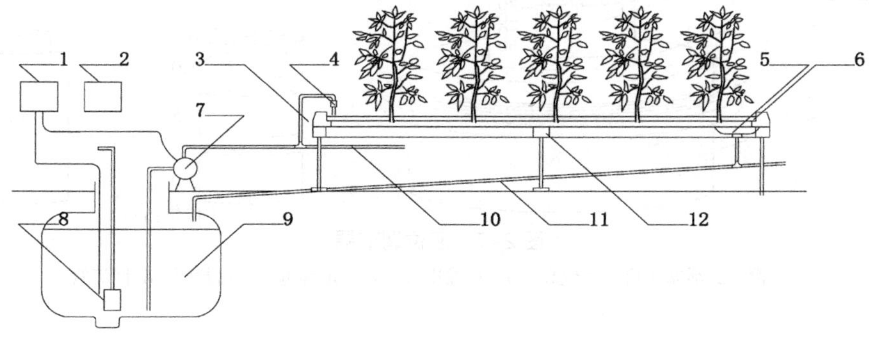

图 2-5　协和式（果菜类）水耕栽培设施示意（板木）

1. 供液及液温控制盘　2. 追肥控制装置　3. 种植槽　4. 空气混入器　5. 液位调节器　6. 定植板　7. 水泵　8. 水泵　9. 贮液池　10. 供液管道　11. 回流管道　12. 栽培架

做成可拼装的镶嵌式预制块，安装时在水平的地面上拼装起来，种植槽内再铺上一层塑料薄膜，用于盛装营养液。贮液池的容积为每 1 000m^2 的栽培面积需要 20~25t 的营养液，如图 2-4、图 2-5 和图 2-6 所示。

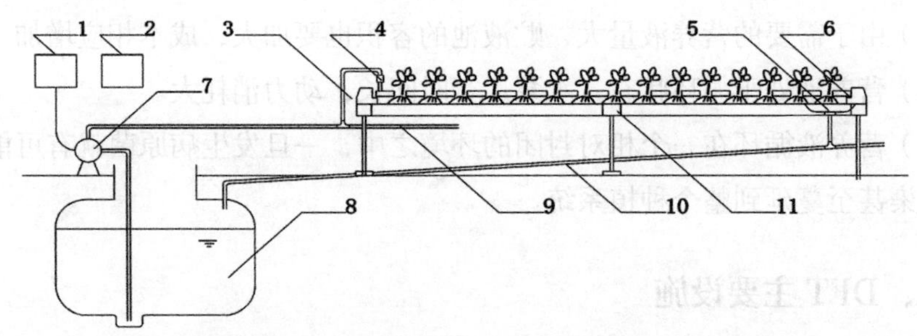

图 2-6 协和式（叶菜类）水耕栽培设施示意（板木）

1. 供液及液温控制盘 2. 追肥控制装置 3. 种植槽 4. 空气混入器 5. 液位调节器 6. 定植板 7. 水泵 8. 贮液池 9. 供液管道 10. 回流管道 11. 栽培架

这种方式用槽量较大，每 1 000m^2 的果菜类作物需用 130 槽，叶菜类约需 160 个槽，每个槽体都有给液、排液孔，给液处装有空气混入器，排液处有液位调节器。调节器如图 2-7 所示。它是一种连接种植槽中营养液流向回流管道并可调节种植槽中液位的装置，它由一个开有缺口的套筒，而套筒上又有不同长度的活芯及一些密封种植槽内衬塑料薄膜的紧固装置组成。活芯可随着植株生长期不同、根系的多少和加在套筒上的不同长度来调节种植槽的液位。

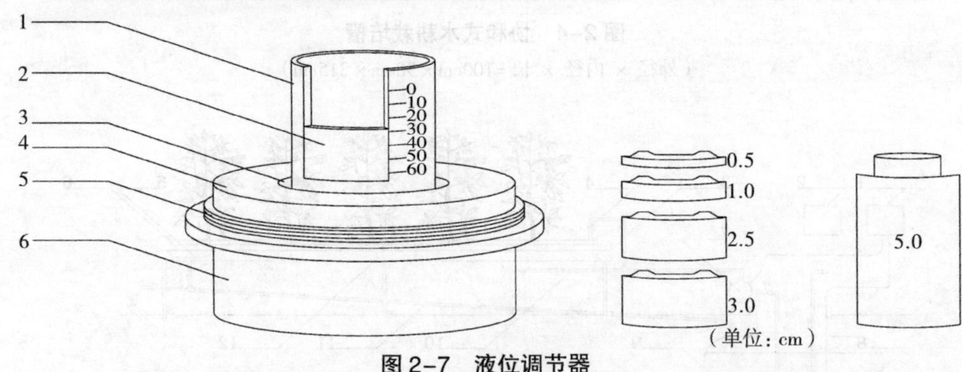

图 2-7 液位调节器

1. 套筒 2. 活塞（可调液位高低） 3. 橡皮垫 4. 固定螺母 5. 密封圈 6. 回流管

2. 神园式

种植槽由水泥预制板拼装而成，槽宽 100cm，内径 80cm，槽长 25~30m，槽深 20cm，槽内先垫有一层厚的塑料膜，再铺上一层薄的膜，营养液层为 10cm。贮液池是砖混结构，容积按照每 1 000m^2 栽培面积 25t 营养液的比例来建，营养液的供给方法是在种植槽中间配有一根直径为 25mm 的塑料管，管子上每隔 45cm 处有 2 个直径为 2mm 的排水孔，分别向槽内喷出营养液，也有的直接在供液管上加上喷头，使营养液中的溶解氧保持较高的水平，有利于根系对氧的吸收。排液的方法是在种植槽的一端配有液面调节装置，留有溢流口。定植杯是网状的，嵌在 5mm 厚的泡沫板上。另外，将这个定植杯反过来放在种植槽内

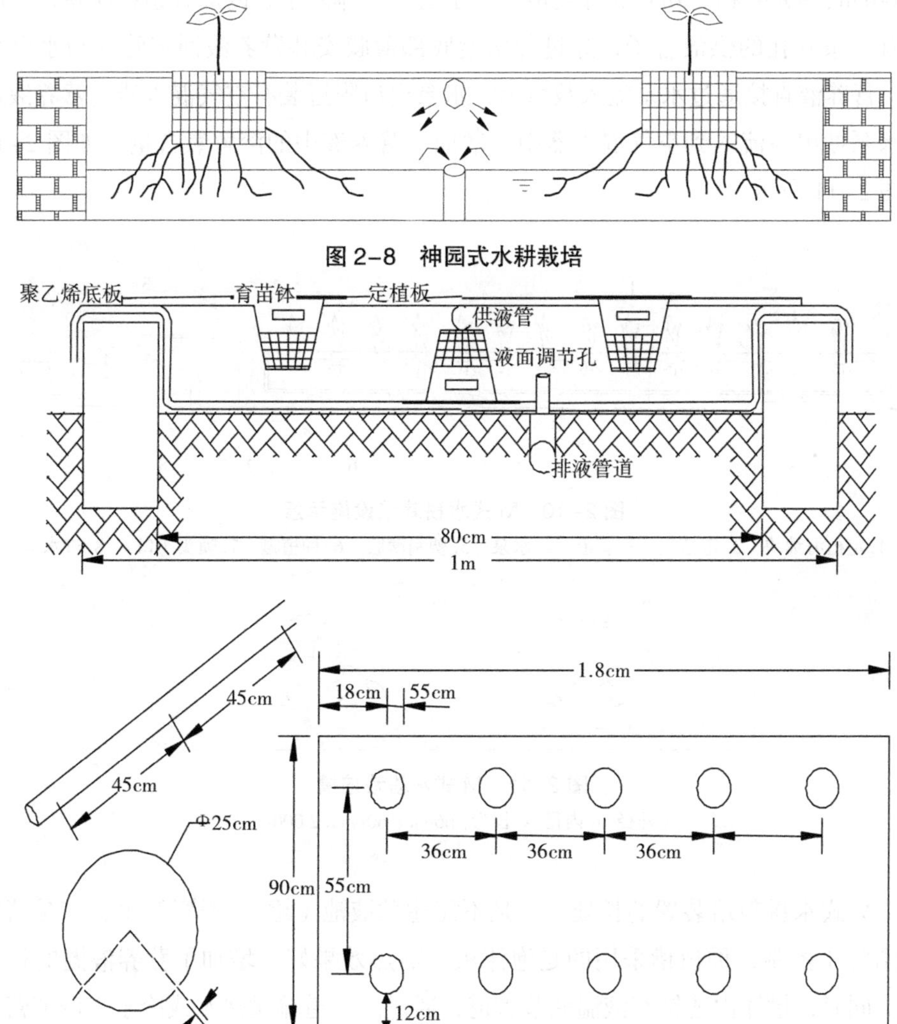

图 2-8　神园式水耕栽培

图 2-9　神园式水耕装置（供液及定植板）结构

用来支撑供液管道，如图 2-8 和图 2-9 所示。

这种结构很简单，成本不高，而且每次收获后的清洗、消毒也较简单、省力，适宜于果菜类作物的生产。

3. M 式水耕装置

M 式水耕栽培技术由日本 M 式水耕研究所开发的，是日本较早应用于商业化作物生产的一种深液流水耕栽培技术，也是目前日本植物工厂应用的主流形式之一。栽培床是用聚苯乙烯板制成“U”形定型产品，长度为 20m。常用的床宽为 60cm、90cm 和 120cm 3 种规格。为了防止床体漏水，内铺有塑料薄膜，槽底装有一条开孔的供液管子，穿过种植槽底部薄膜安装营养液回流管并与水泵相连。营养液直接通过水泵流入栽培床，水泵出口附近装有空气混入器，营养液通过水泵抽出后流入到空气混入器中，增加了营养液中的溶解氧含量，如图 2-10 和图 2-11 所示。

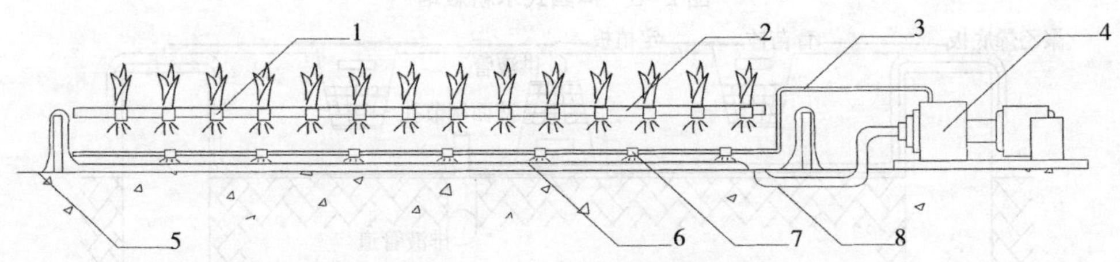

图 2-10　M 式水耕栽培设施示意

1. 定植海绵块　2. 定植板　3. 管道　4. 水泵　5. 塑料薄膜　6. 种植槽　7. 喷头（口）　8. 进水口

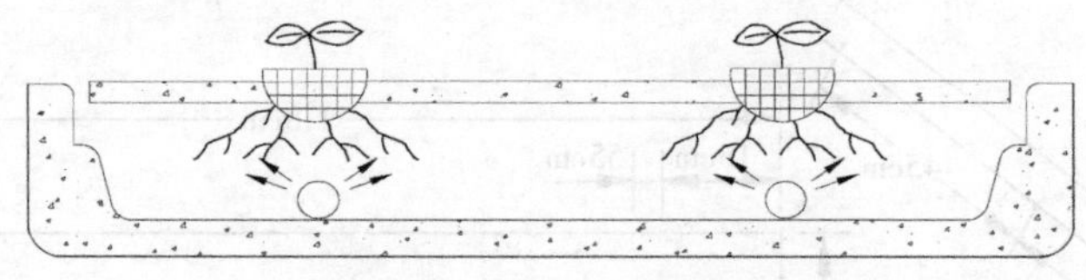

图 2-11　M 式水耕栽培槽

（外径 × 内径 × 长为：66cm × 60cm × 2 000cm）

M 式水耕栽培装置的长处，一是不需建贮液池（罐），投资较少；二是营养液温易于控制，种植槽采用的是泡沫板，隔热效果好，增加了营养液温的稳定性。同时，槽体内还铺有液温调节管道，通过向管道输送热水或冷水来调节营养液温度；三是作业轻型、省力。特别适宜于叶菜类作物的生产。

第三节　动态浮根法和浮板毛管法

一、动态浮根系统

动态浮根系统是指栽培作物在栽培床内进行营养液灌溉时，根系随着营养液的液位变化而上下左右波动。灌满8cm的水层后，由栽培床内的自动排液器，将营养液排出去，使水位降至4cm的深度。此时上部根系暴露在空气中可以吸氧，下部根系浸在营养液中不断吸收水分和养料，不怕夏季高温使营养液温度上升、氧的溶解度低，可以满足植物的需要。动态浮根系统的主要结构如图2-12所示。

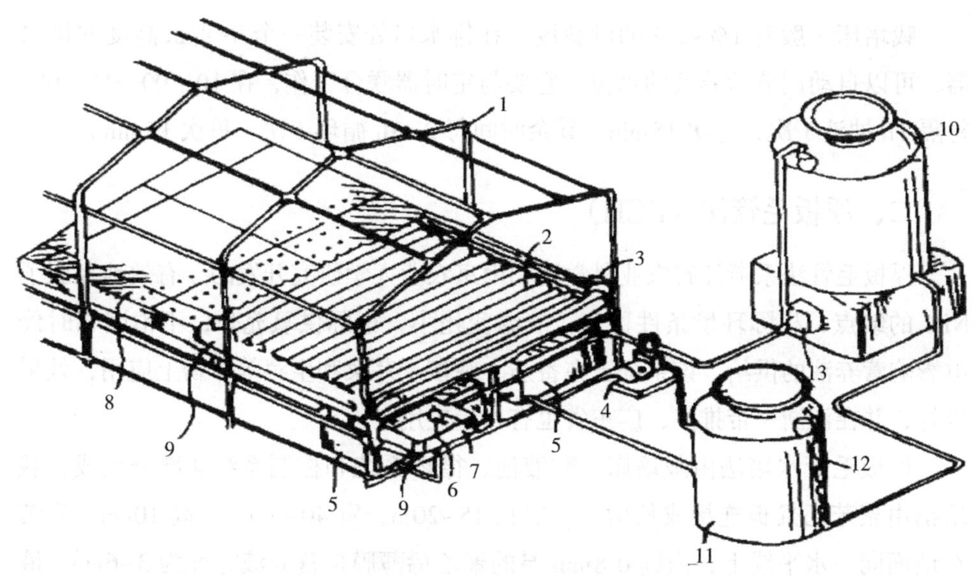

图2-12　动态浮根系统的主要组成部分（蒋卫杰，2001）

1.钢管结构温室　2.栽培床　3.空气混入器　4.水泵　5.水池　6.营养液液面调节器　7.营养液交换箱　8.板条　9.营养液出口堵头　10.高位营养液罐　11.低位营养液罐　12.浮动开关　13.电源自动控制器

1.栽培床

中国台湾省用的栽培床为泡沫塑料板压制成型的，长180cm，宽90cm，深8cm，中间有2cm凸起，以使栽培床更加牢固，上面盖上90cm×60cm×3cm的泡沫板，板上隔一定的距离挖一个直径 2.5cm 的孔，以便定植叶菜。每个孔的距离依作物的需要而定。这种栽培床还需要安装支架。如果在地面砌成宽 90cm、深 8 厘米内径的水泥栽培床，并安装好排水器，使营养液的液位上升到 8cm 后，由自动排液器排出 4 cm，也能适应动态浮根式水培的要求。

2. 营养液池

每 667m^2 面积水培可设一个 6t 左右的地下营养液池。一定要加盖，以免杂物进入污染营养液，并可阻止阳光照射使温度不稳定，同时还能防止长青苔。有个 750W 的高速水泵就可以了。

3. 空气混入器

空气混入器安装在营养液流进栽培床的入口处，其内部构造为两组十字型重叠的塑料闸门，会产生 8 条水流冲出，约可增加 30% 的空气混入，使溶氧量增加，维持每毫升 3~6μg。

4. 排液器与定时器

栽培床一般有 1%~2% 的倾斜度。在排水口处安装一个 0~8cm 高度的排水器，可以自动调节营养液的水位，它要与定时器联合工作，在 10：00—16：00，每隔 1h 抽液 1 次，每次 15min。其余时间每 2~3h 循环 1 次，每次 15min。

二、浮板毛管法（FCH）

浮板毛管法系浙江省农业科学院和南京农业大学研究开发的，有效地克服了 NFT 的缺点，根际环境条件稳定，液温变化小，根际供氧充分，不怕因临时停电影响营养液的供给。该系统已在番茄、辣椒、芹菜和生菜等作物上应用，效果良好，并在江浙一带推广，广东省也有少量应用。

浮板毛管水培法由栽培床、贮液池、循环系统和控制系统 4 部分组成，栽培槽由聚苯乙烯板连接成长槽，一般长 15~20m，宽 40~50cm，高 10cm，安装在地面同一水平线上，内铺 0.8mm 厚的聚乙烯薄膜。营养液深度为 3~6cm，液面飘浮 0.6cm 厚的聚苯乙烯泡沫板，宽度为 12cm，板上覆盖亲水无纺布（密度 50g/m^2），两侧延伸入营养液内。通过毛细管作用，使浮板始终保持湿润，作物的气生根生长在无纺布的上下两面。在湿气中吸收氧。秧苗栽在有孔的定植钵中，然后悬挂在栽培床定植板的孔内，正好把行间的浮板夹在中间，根系从育苗孔中伸出时，一部分根就伸到浮板上，产生气生根毛吸收氧。栽培床一端安装进水管，另一端安装排液管，进水管处顶端安装空气混合器，增加营养液的溶氧量，这对刚定植的秧苗很重要。贮液池与排水管相通，营养液的深度通过排液口的垫板来调节。一般在幼苗刚定植时，栽培床营养液深度为 6 cm。育苗钵下半部浸在营养液内，以后随着植株生长，逐渐下降到 3 cm 左右，这种设施使吸氧和供液矛盾得到协调，设施造价便宜，相当于营养液膜系统 1/3 的价钱，适合于经济实力不强的地区应用。

第四节　雾培法

一、喷雾栽培生产技术

雾喷培（Spray Culture; Aeroponics）是利用喷雾装置将营养液雾化直接喷射到植物的根系以提供其生长所需的水分和养分的一种营养液栽培技术。植物的根系生长在黑暗条件下，悬空于雾化后的营养液环境中，黑暗的条件是根系生长必需的，以免植物根系受到光照滋生绿藻。同时封闭可保持根系环境的高湿度。这项技术始于营养液栽培技术的普及初期，当时温室环境控制的自动化程度不高，在营养液供给方面还不能适应从地下部向地上部的快速变化。在很长一段时期内，这项技术由于作物根际温度变化快，很容易造成生长不良等原因，未能迅速应用到大规模生长之中。后来，随着植物工厂的兴起，日本研制开发出“A”型和移动式喷雾栽培设备，使用这些设备，作物根部没有基质，也不浸没于营养液之中。植株很轻，也很容易实现立体化和移动式栽培，温室空间利用率提高很大。但在光照控制方面很难适应环境条件的快速变化。还有一种将雾喷培与 DFT 相结合的一种栽培技术，即将植物的一部分根系浸没于营养液中，另一部分根系暴露出来生长在雾化的营养液环境之中，所以又称半喷雾培。喷雾培技术较好地解决了营养液栽培技术中根系的水气矛盾，特别适宜于叶菜类作物的生产，如图 2-13 所示。

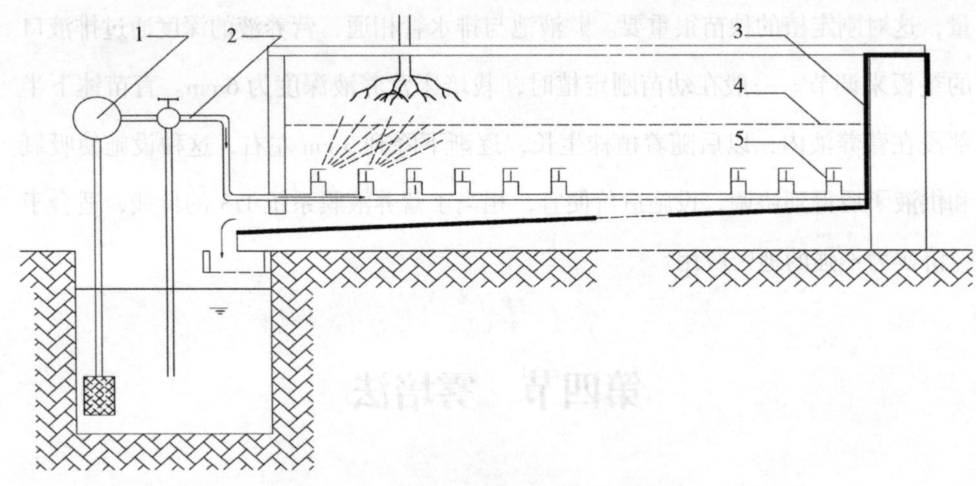

图 2-13　喷雾栽培装置示意（松井，1992）

1. 水泵　2. 供液管　3. 聚乙烯板　4. 不锈钢网　5. 喷头

二、喷雾栽培生产设施

喷雾培设施由种植槽和供液系统两大部分组成。

种植槽材料有许多，如硬质塑料板、泡沫塑料板、木板和水泥预制板等。形状也有多种，如三角板型也称 A 型、梯型，还有一种是类似于 DFT，但比 DFT 的种植槽要深，用于半喷雾栽培，如图 2-14、图 2-15 和图 2-16 所示。

供液系统包括液池、水泵、管道、过滤器和喷头等，其中关键的部分是喷头和

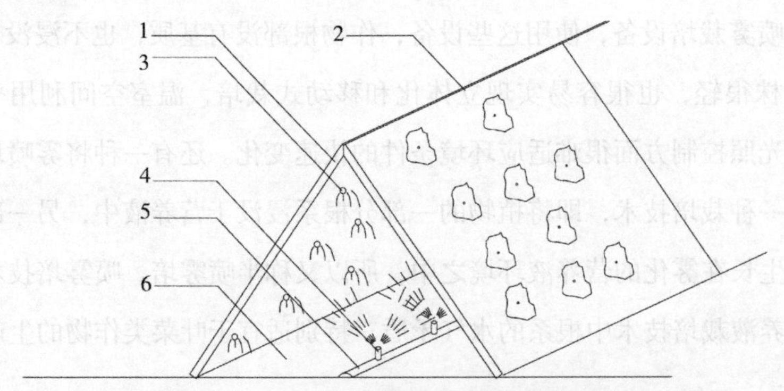

图 2-14　A 型喷雾培种植槽示意（池田）

1. 泡沫栽培板　2. 塑料膜　3. 根系　4. 喷头　5. 供液管　6. 地面

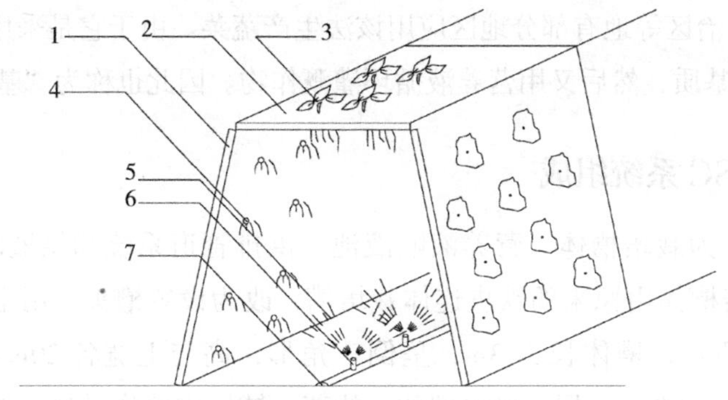

图 2–15　梯型喷雾培种植示意

1. 泡沫侧板　2. 泡沫顶板　3. 植株　4. 根系　5. 雾状营养液　6. 喷头　7. 供液管

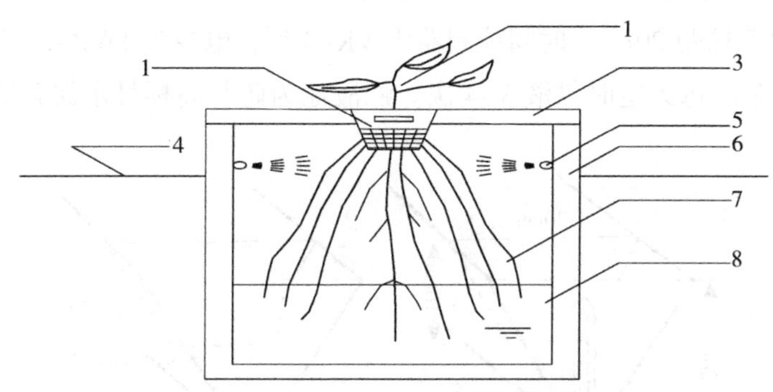

图 2–16　半雾培种植槽示意

1. 植株　2. 定植杯　3. 定植板　4. 地面　5. 喷头　6. 种植槽　7. 根系　8. 营养液

过滤器，过滤不好和喷头阻塞是影响雾喷效果的主要原因之一。利用超声气雾机可以把营养液雾化喷到作物根系之上，既简化了供液系统，又可以杀灭营养液中的病原菌，对作物生长十分有利。此外，由于这种方式是以间歇喷雾的形式供液的，为了防止在停止供液时植株吸收不到足够的养分，必须注意要适当提高营养液浓度。

第五节　鲁 SC 法

一、鲁 SC 系统

鲁 SC 系统是山东农业大学研究开发的无土栽培系统，在山东胜利油田以及新疆维吾尔自治区等地有部分地区应用该法生产蔬菜。由于它是采用栽培槽中填入10cm厚的基质，然后又用营养液循环灌溉作物。因此也称为“基质水培法”。

二、鲁SC系统组成

该系统分为栽培槽体、营养液贮液池、供排管道系统和供液时间控制器、水泵等。栽培槽体由原来的铁皮连体栽培槽，改为设置槽头，用土壤制槽体和水泥制槽体两种，槽体长2~3m，呈倒三角形，高与上宽各20cm，土制槽内铺0.1mm聚乙烯农膜一层，槽中部放一垫蓖，铺棕皮等作衬垫，然后在其上填基质一层，厚10cm，基质以下空间供根生长及营养液流动，槽两端设供液槽头及排液槽头如图2-17所示。栽培设置系统的设置如图2-18所示。栽培槽距1~1.2m。果菜株距20cm。时间控制器为VK-3型，电泵为TWB-20型单相电泵或农用潜水泵。每天定时供液3~4次。贮液池为砖与高标号水泥砌成。每立方

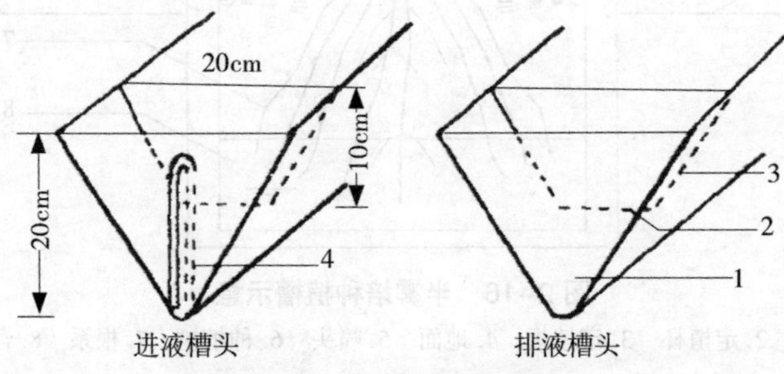

图2-17 鲁SC栽培槽头结构

1.槽头挡板 2.垫篦 3.槽头隔板 4.虹吸管

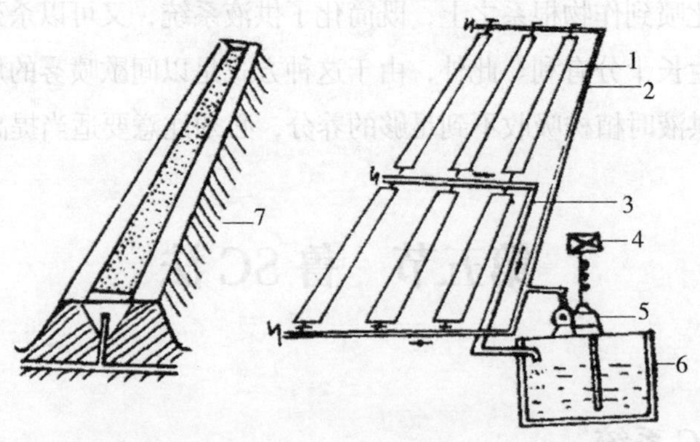

图2-18 鲁SC栽培槽设置及结构

1.栽培槽 2.供液管 3.排液管 4.时间控制器 5.电泵 6.贮液池 7.栽培槽结构

米容积可供 80~100m³ 栽培面积使用。

这种无土栽培系统由于有 10cm 厚的基质，可以比较稳定地供给水分和养分，因此栽培效果良好，可以种植瓜果菜类，但一次性的投资成本较高。

第六节　岩棉培

一、岩棉培特点

岩棉是工业保温材料，在制造过程中已加疏水剂，而农用岩棉在制造过程中是加入亲水剂，使之易于吸水。岩棉基质具有许多固有的优点，如干燥时重量较轻，容易对于作物根部进行加温。另外，开放式岩棉栽培使营养液灌溉均匀、准确，并且一旦水泵或供液系统发生故障，对作物生产所造成的损失也较小。

岩棉栽培都是用岩棉块进行育苗的。作物种类不同，育苗时采用的岩棉块大小也不同。一般番茄、黄瓜采用每边长 7.5cm 见方的岩棉块，除了上下两面外，岩棉块的四周应该用黑色塑料薄膜包上，以防止水分蒸发和盐类在岩棉块周围积累，冬季还可提高岩棉块温度。种子可以直播在岩棉块中，也可将种子播在育苗盘或较小的岩棉块中，当幼苗第一片真叶开始显现时，再将幼苗移到大岩棉块中，如图 2-19 所示。在播种或移苗之前，岩棉块用水浸透。由于岩棉不含作物需要的营养物质，因而种子出芽以后就要用营养液进行灌溉。育苗期间营养液的电导率应控制在 1.5mS 以内，如幼苗徒长，则可适当提高电导率到 2.0mS。

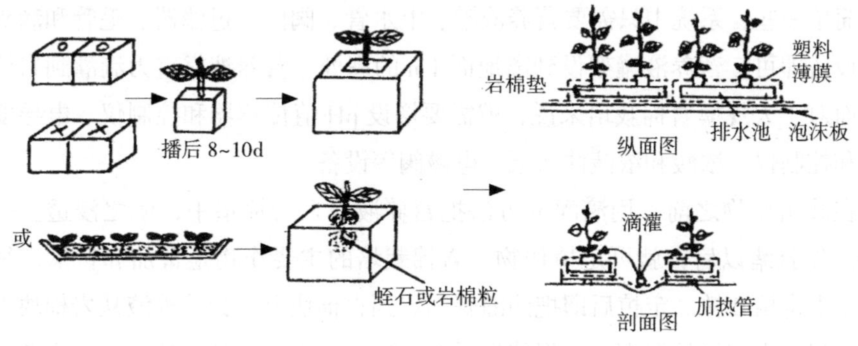

图 2-19　岩棉育苗

二、岩棉培技术应用

定植用的岩棉垫一般长 70~100cm，宽 15~30cm，高 7~10cm，岩棉垫应装在塑料袋内。制作方法与枕头式袋培相同。定植前在袋上面开 2 个 8cm 见方的定植孔，每个岩棉垫种植 2 株番茄或黄瓜，如图 2–20 所示。定植前要将温室内土地整平，为了增加冬季温室的光照强度，可在地上铺设白色塑料薄膜，以利作物吸收反射光及避免土壤病害的侵染。

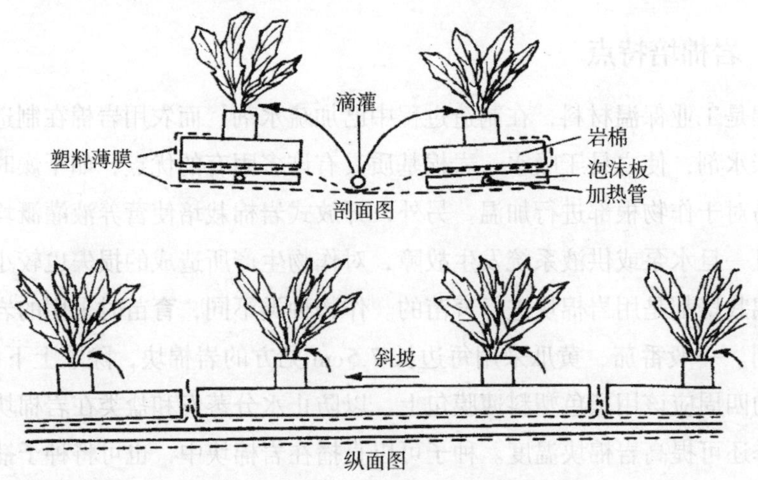

图 2–20　岩棉栽培示意

放置岩棉垫时，要稍向一面倾斜，并在倾斜方向把包岩棉的塑料袋钻 2~3 个排水孔，以便将多余的营养液排出，防止沤根。

岩棉栽培最好的灌溉系统是滴灌。对于小规模岩棉栽培来说，滴灌系统可设计得简单一些，系统中只需要营养液罐、上水管、阀门、过滤器、毛管和滴头等简单设备即可。营养液罐架设到离地面 1m 的高处，营养液靠重力滴灌到岩棉中去。而对于大规模岩棉栽培来说，就需要增设 pH 值传感器和控制仪、电导度传感器和控制仪、浓酸和浓液注入泵、电磁阀等设备。

在栽培作物之前，用滴灌的方法把营养液滴入岩棉垫中，使之浸透。一切准备工作就绪以后，就可定植作物。岩棉栽培的主要作物是番茄和黄瓜，每块岩棉垫上定植 2 株。定植后即把滴灌管固定到岩棉块上，让营养液从岩棉块上往下滴，保持岩棉块的湿润，以促使根系在岩棉块中迅速生长，这个过程需 7~10d 的时间。当作物根系扎入岩棉垫以后，可以把滴灌头插到岩棉垫上，以保持根茎基部干燥，减少病害。

岩棉垫里营养液的电导率一般控制在 2.5~3.0ms，当电导率超过 3.5ms 时，就应该停止滴灌，而采用滴灌清水以洗盐；当电导率达到正常标准后，再恢复滴灌营养液。

第七节 基质栽培设施系统

在基质无土栽培系统中，固体基质的主要作用是支持作物根系及提供作物一定的营养元素。基质栽培的方式有槽培和袋培等，前述章节介绍的岩棉培也属于基质培中的一种。其营养液的灌溉方法有滴灌、上方灌溉和下方灌溉，但以滴灌应用最为普遍。基质系统可以是开放式的，也可以是封闭式的，这取决于是否回收和重新利用多余的营养液。在开放系统中，营养液不进行循环利用，而在封闭系统中营养液则进行循环利用。由于封闭式系统的设施投资较高，而且营养液管理较为复杂，因而在我国目前的条件下，基质栽培以采用开放式系统为适宜。本节介绍几种主要基质栽培方式。

一、槽培

槽培就是将基质装入一定容积的栽培槽中以种植作物。传统上，混凝土一直被采用来建造永久性的栽培槽设施，也可用木板做成半永久性槽，但目前应用较为广泛的是在温室地面上直接用红砖垒成栽培槽，而不用水泥砌。为了降低生产成本，各地也可就地取材，采用木板条、竹竿和铁丝等制成栽培槽。总的要求是在作物栽培过程中能把基质维持在栽培槽内，而不撒到槽外。为了防止渗漏并使基质与土壤隔离，通常在槽的基部铺 1~2 层塑料薄膜。

栽培槽的大小和形状取决于不同作物田间操作的方便程度。如番茄、黄瓜等爬藤作物，通常每槽种植 2 行以便于整枝、绑蔓和收获等田间操作，槽宽一般为 0.48m（内径宽度）。对某些矮生植物可设置较宽的栽培槽，进行多行种植，只要保证手能方便地伸到槽的中间进行田间管理就行。栽培槽的深度以 15cm 为好，当然为了降低成本也可采用较浅的栽培槽，但较浅的栽培槽在灌溉时必须特别细心。槽的长度可由灌溉能力（灌溉系统必须能对每株作物提供同等数量的营养液或清水）、温室结构以及田间操作所需走道等因素来决定；槽的坡度至少应为 0.4%，这是为了获得良好的排水性能，如有条件，还可在槽的底部辅设一根多孔的排水管。

常用的槽培基质有砂、蛭石、锯末、珍珠岩、草炭与蛭石混合物、草炭与炉渣混合物，以及草炭或蛭石与砂的混合物等。少量的基质可用人工混合，如果基质很多，最好采用机械混合。一般在基质混之前，应加一定量的肥料作为基肥，例如：草炭为 $0.4m^3$，炉渣为 $0.6m^3$，有机生态型无土栽培专用肥为 10.0~12.0kg。

混合后的基质不宜久放，应立即装槽或装袋使用。因为久放，一些有效营养成份会流失，基质的 pH 值和电度也会有所变化。

基质准备好以后，即可装入槽中，布设滴灌管。营养液可由水泵供给植株，也可利用重力把营养液供给植株，如图 2–21 所示。

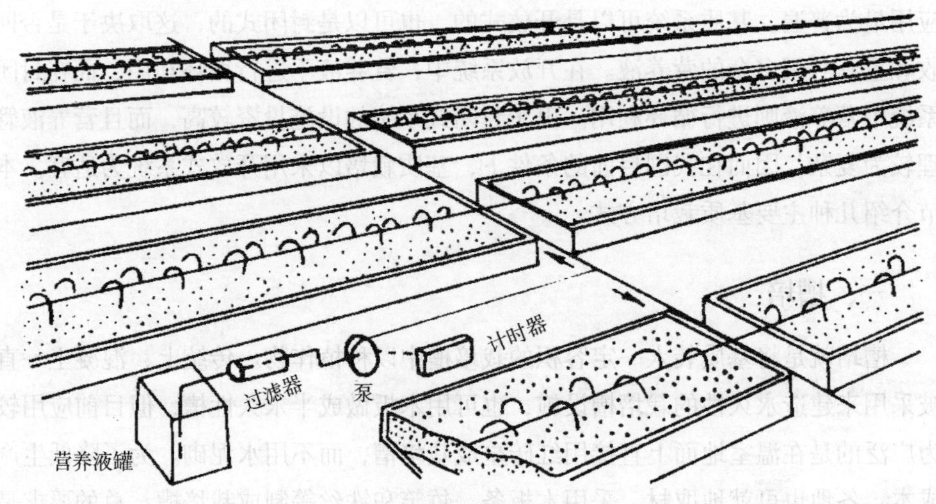

图 2–21　槽培系统和滴灌装置

中国农业科学院蔬菜花卉研究所以滴灌软带代替滴灌管用于槽培番茄和黄瓜等作物，取得了良好的效果。这种方法简化了滴灌系统设备，营养液输送效果好，省时、省力和省料，如图 2–22 所示。

二、袋培

袋培除了基质是装在塑料袋中的以外，其他与槽培相似。袋子通常由抗紫外线的聚乙烯薄膜制成，这样可以使袋子至少使用 2 年。在光照较强的地区，塑料

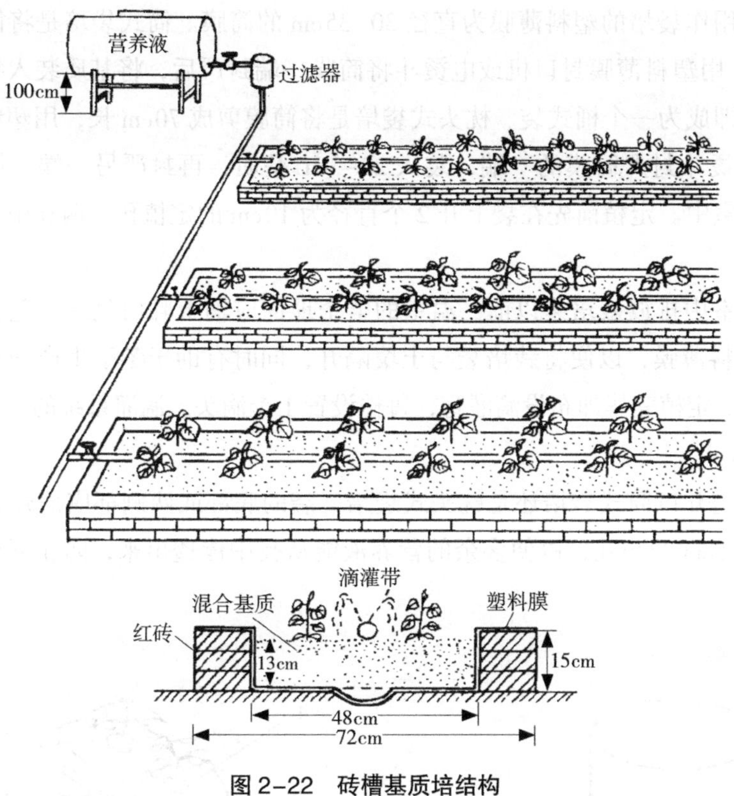

图 2-22 砖槽基质培结构

袋表面应以白色为好，以便反射光并防止基质升温。相反，在光照较少的地区，则袋表面应以黑色为好，以利于冬季吸收热量，保持袋中的基质温度。

袋培的方式有两种：一种为开口筒式袋培，每袋装基质 10~15L，种植 1 株番茄或黄瓜；另一种为枕头式袋培，每袋装基质 20~30L，种植两株番茄或黄瓜，如图 2-23 和图 2-24 所示。

图 2-23 筒式栽培

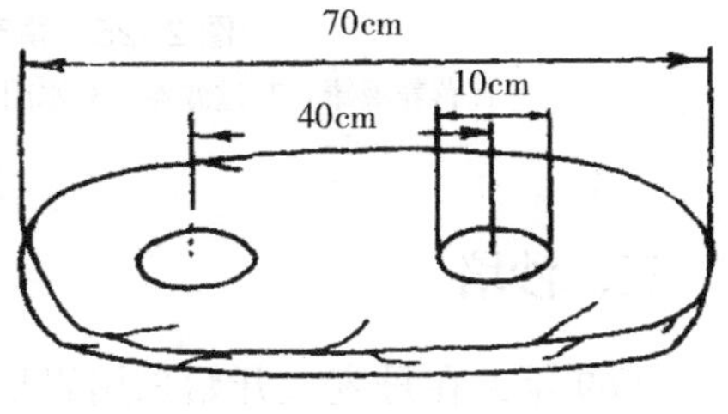

图 2-24 枕头式栽培定植穴

通常用作袋培的塑料薄膜为直径 30~35cm 的筒膜。筒式袋培是将筒膜剪成 35cm 长，用塑料薄膜封口机或电烫斗将筒膜一端封严后，将基质装入袋中，直立放置，即成为一个桶式袋。枕头式袋培是将筒膜剪成 70cm 长，用塑料薄膜封口机或电烫斗封严筒膜的一端，装入 20~30L 基质，再封严另一端，依次摆放到栽培温室中。定植前先在袋上开 2 个直径为 10cm 的定植孔，两孔中心距离为 40cm。

在温室中排放栽培袋以前，温室的整个地面应辅上乳白色或白色朝外的黑白双色塑料薄膜，以便将栽培袋与土壤隔开，同时有助于冬季生产增加室内的光照强度。定植完毕即布设滴灌管，每株设置 1 个滴头。滴灌系统的安装，如图 6-24 所示。

无论是开口筒式袋培还是枕头式袋培，袋的底部或两侧都应该开 2~3 个直径为 0.5~1cm 的小孔，以便多余的营养液能从孔中渗透出来，防止沤根，如图 2-25 所示。

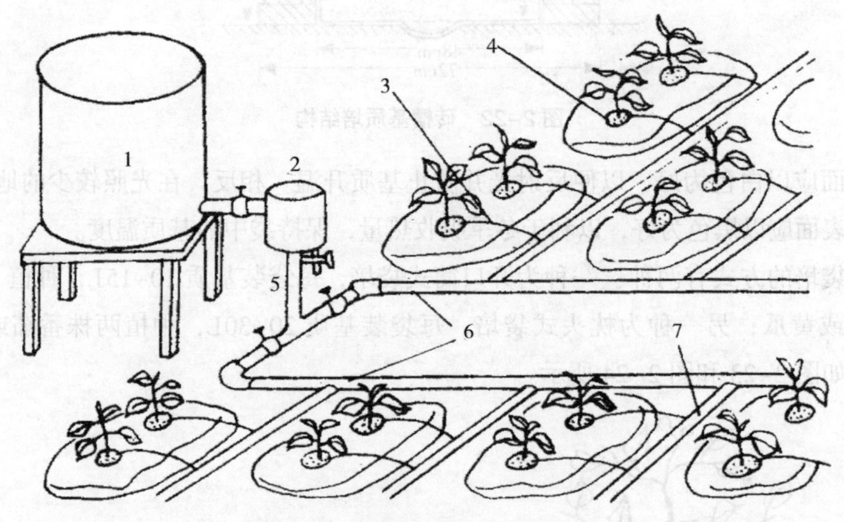

图 2-25　番茄袋培滴灌系统示意

1. 营养液罐　2. 过滤器　3. 水阻管　4. 滴头　5. 主管　6. 支管　7. 毛管

三、沙培

1969 年，在丹麦人开始采用岩棉栽培的同时，美国人则开发了一种完全使用沙子作为基质的、适于沙漠地区的开放式无土栽培系统。在理论上这种系统具有很大的潜在优势：沙漠地区的沙子资源极其丰富，不需从外部运入，价格低廉，沙子不需每隔 1~2 年进行定期更换，是永久性的基质。

沙子可用于槽培，然而在沙漠地区，一种更方便、成本又低的作法是：在温室地面上铺设聚乙烯塑料膜，其上安装排水系统（直径 5cm 的 PVC 管，顺长度方向每隔 45cm 环切 1/3，切口朝下），然后再在塑料薄膜上填大约 30cm 厚的沙子。如果沙子厚度较浅，将导致基质中湿度分布不匀，作物根系可能会长入排水管中。用于沙培的温室地面要求水平或者稍微有点坡度，同时，向作物提供营养液的各种管道也必须相应地安装好。除像灰泥沙等非常细的沙子外，一般基质中沙子颗粒的大小与分布是不重要的，但对栽培床排出的溶液须经常测试，若浓度大于 $3\ 000 \times 10^{-6}$ 时，栽培床必须用清水进行洗盐。沙培系统中主要栽培的作物是番茄和黄瓜。

第八节　立体栽培概述

一、立体栽培概念

立体无土栽培也叫垂直栽培，是立体化的无土栽培模式，这种栽培是在不影响平面栽培的条件下，通过四周竖立起来的柱形、墙面、立体管道等栽培设施，充分利用温室空间和太阳光照资源，可以提高土地利用率 3~5 倍，可提高单位面积产量 2~3 倍。

二、立体栽培国内外发展概况

20 世纪 60 年代，立体无土栽培在发达国家首先发展起来，美国、日本、西班牙、意大利等国研究开发了不同形式的立体无土栽培，如多层式、悬垂式、香肠式、单元叠加式等，中国自 20 世纪 90 年代 起开始研究推广此项技术，立柱式无土栽培因其高科技、新颖、美观等特点而成为休闲农业的首选项目，近年来在北京市、上海市、辽宁省、吉林省、黑龙江省、河北省和江苏省等地区有所采用。

三、立体栽培种类

1. 立柱栽培

栽培柱采用杯状石棉水泥管、硬质塑料管、陶瓷管、瓦管和水泥管，按螺旋位置开孔，并做成耳状突出，以便种植作物，栽培容器中装入基质，重叠在一起形成栽培柱，专门的无土栽培柱，栽培柱由若干个短的模形管构成，每一个模形管有几个突出的杯状物，用以种植作物如图 2-26 所示。

2. 长袋状栽培

栽培袋采用直径 15cm、厚 0.15mm 的聚乙烯筒膜，长度一般为 2m，底端结

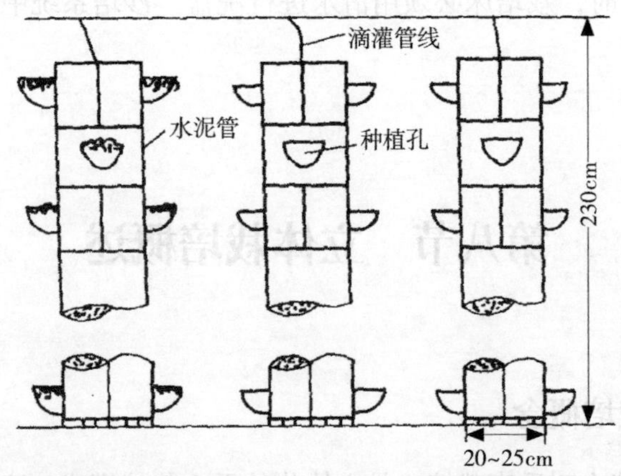

图 2-26　立柱栽培

紧以防基质落下，从上端装入基质成为香肠的形状，上端结扎，然后悬挂在温室中，袋子的周围开一些 2.5~5cm 的孔，用以种植作物。考虑到设施成本、栽培效果和对温室大环境的要求等因素，立柱式无土栽培具有一定的观赏价值，且投资少、效益高，在我国各地应用较多。下面就以立柱式栽培为例，介绍其设施结构与管理。

3. 墙体栽培

墙体栽培是利用特定的栽培设备附着在建筑物的墙体表面，不仅不会影响墙体的坚固度，而且对墙体还能起到一定的保护作用。实现植株的立体种植，它有效地利用了空间，节约了土地，实现了单位面积上的更大产出比。墙体分为单面墙体和双面墙体，墙体栽培一般都是靠墙或沿路安装，它的厚度 10cm 左右，双面墙种植后有 30cm 左右，单面墙 20cm 左右，如图 2-27 所示。墙体栽培可以起到分割空间，使观光栽培设施内水平空间上更加有层次感。

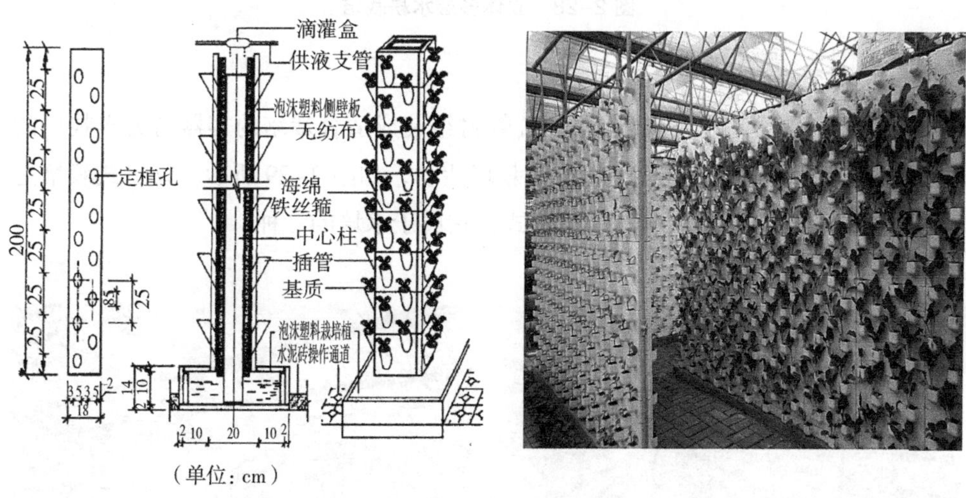

图 2-27　墙体栽培

墙体栽培的植株采光性较普通平面栽培更好，所以太阳光能利用率更高。适合墙体栽培的蔬菜有：生菜、芹菜、草莓、空心菜、甜菜、木耳菜、香葱、韭菜、小白菜和苦苣等。

4. 立体多层水耕栽培

立体多层水耕栽培是利用特定的设备实现植株的立体种植。它有效地利用了空间，节约了土地，实现了单位面积上的更大产出比，如图 2-28 所示。适合多层栽培的蔬菜有：生菜、芹菜、草莓、空心菜、甜菜、木耳菜、香葱、韭菜、油菜和苦苣等。

图 2-28　立体多层水耕栽培

5. 立体管道栽培

管道栽培是利用人们易得的 PVC 管材组装成适合栽培的容器与无土栽培的广泛适应性相结合，进行各种植物的栽培活动，如图 2-29 所示。管道式栽培是无土栽培中最具观赏性的一种栽培方式，它属于水培的一种。

图 2-29　立体管道栽培

管式栽培的形式多种多样，可分为平铺管式，立体管式，造型管式三大类型，造型管式是立体管式中的一种，造型非常繁多，形态各异，可以说是随心所欲，可作为生态餐厅，温室，景观等场所围墙，隔墙各种造型等，可使人心情陶醉、精神舒畅。因管道栽培操作简单、洁净，而成为时下阳台农业和屋顶农业的新宠。适合管道栽培的蔬菜有生菜、芹菜、草莓、空心菜、甜菜、木耳菜、香葱、韭菜、黄瓜和番茄等。

6. 立体汽雾培

立体雾培也是水培当中的一种栽培方式，也是一种比较特殊的栽培方式。它是将营养液打压后喷洒在植物的根系上，给植物提供营养，如图 2-30 所示。常见的造型有平面造型，三角造型、梯形造型和侧面造型等。

图 2-30　立体汽雾培

第九节　庭院及家庭栽培模式概述

一、庭院及家庭栽培模式概念

在庭院或阳台空间上搞农业生产，它具有与地面土壤空间所具的所有作用，但从技术角度说，阳台农业所涉技术更趋高新性，栽培模式更趋无土性，生产产品趋观赏性与自给性。阳台农业也可称作空间农业，其实它是在一定高度的阳台或楼顶所进行的农业生产活动，但这种活动已不是土壤上精耕细作型的农业，大多是由脱离土壤的各种新型栽培方式所组成，这与阳台及楼顶是重要的人居环境有关，也与城市土壤资源的稀缺及搬运沉重、楼房承载等有关，另外，阳台农业更看重的是需要达到观赏美化、收获兼顾的多重效果，它是家居环境装饰中很重要的一个回归自然体验植物的人造空间环境，如图 2-31 所示。

图 2-31　各种庭院栽培

二、庭院及家庭栽培品种选择

庭院及家庭栽培是与人们生活及家居空间距离最为贴近的农业，它将是未来人居环境建设中必不可少的一部分，这除了人们追求回归自然的需要外，它更是人们对生态的一种追求。在生态系统中作为高等动物的人其实在自然的进化过程中本身就与植物是协同进化的，所以当你面对植物时总会给你带来一种愉悦的心情，这是一种人与植物间的本能反应，是进化中形成的潜在的本能。

现代文明及城市建设让人们渐渐失去了接触自然与植物的机会，让人们生存的楼宇失去了生机，导致城市人们常有抑郁症的发生，造成人心情烦躁，工作学习效率低下，生活失去生机与朝气。于是人们开始重视对于大自然回归的追求，寻求诸如度假、避暑、旅游、野炊等贴近自然接近植物的活动，当你面对大自然的绿色时，不管是什么样的人都会产生喜悦宁静的心情，这就是植物对人体的馈赠与协同进化的作用。那么，繁忙的都市生活，生存的压力，绝大多数人还是不能专门抽出时间去寻求感受大自然植物的无私回报。而最简单最直接最贴近生活的方法就是在你触手可及举目可望的地方——庭院、阳台、楼顶来构建大自然的植物空间，每当清晨起床，每当工作劳累，每当思路困惑时，放下一切走进自己的小阳台感悟及欣赏一下绿色的美丽及深深地吸上一口清新而有生命力的空气，该是一种多么美的享受。那么不同的植物其实对人的视觉、对人的感官刺激都是不同的，就如有些科学家研究色彩影响人的心情甚至身体一样，植物的不同颜色也会对人们造成情感及生理上的不同影响。

另外，阳台农业更重要的是，还要考虑结合家庭无公害放心菜篮子工程的建设，所以在品种选择上还是有一定讲究与科学性的，除了要考虑阳台小气候及个人热衷爱好外，对栽培品种进行精心选择，创造出最美的阳台空间及最好的效益也是阳台农业考虑及选择品种的关键，现就本人多年的阳台农业实践及对品种栽培特性与技术的了解，进行了阳台农业品种的全面筛选，形成了阳台农业专用品种系列，以下作一一介绍，以供阳台农业爱好者及该产业的经营者选择。

1. 蔬菜类品种

奶油生菜、彩色莴苣、番薯树、油麦菜、小青菜、马铃薯、番茄、紫苏、香圆葱、水芹菜、紫背天葵和苦荬菜。

2. 瓜果类种品

樱桃番茄、网纹甜瓜、礼品小西瓜、水果小黄瓜、砍瓜、巨型南瓜和观赏南瓜。

3. 果树类种品

金枝葡萄、红心猕猴桃、牡丹石榴、油桃、油蟠桃、大樱桃、钙果、百香果和枇杷果。

4. 绿化类种品

芳香玫瑰、迷你玫瑰、菜用木槿、鸡蛋花和豆腐树。

5. 花卉类种品

食用百合、食用仙人掌和食用芦荟。

6. 爬藤类种品

提子、金银花和绞股蓝。

7. 药材类种品

人参、红豆杉和五味子。

8. 佐料类种品

七彩椒、韭菜、香葱、生姜和大蒜。

上述的这些品种仅仅是阳台品种可开发利用中极少的部分，随着中国科学家研究及试验的不断进行，将会筛选出更多适应性更强，观赏性和食用性皆佳的阳台农业新品种。

第三章 实用营养液栽培装置及技术

第一节 立柱栽培技术

一、结构原理

1. 结构

立柱栽培包括供液系统、回液系统和立柱三部分。其中，立柱由立柱钵、立柱填充物、中心支撑管和定植管杯组成。立柱钵材质是泡沫，高 16cm，分上下两部分。立柱填充物由珍珠岩和用于包裹珍珠岩的无纺布组成，用于渗透营养

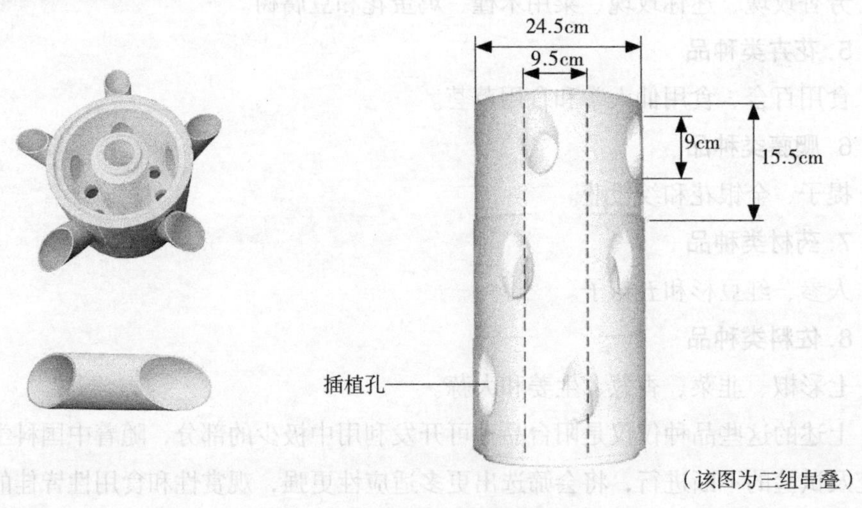

图 3–1 立柱栽培定植管杯示意

液，也可以称为渗液层。中心支撑管是 $50^{\#}$ 的 PVC 圆形管材，用于连接立柱钵单元。定植管杯是由 $50^{\#}$ 的 PVC 圆形管材制造而成，用于定植植物，如图 3-1 所示。

2. 原理

营养液通过供液系统从立柱上部进入到渗液层，再通过渗液层渗透到管杯基质土里，从而供给植物所需的营养和水分。多余的营养液会渗透到立柱底部，并通过回液系统回到营养液池。

二、操作组装

1. 材料准备

（1）将无纺布修剪成长为 50cm 的方块，并在方块中心位置剪一个 5cm 大小的口子。

（2）选取 3cm 左右的珍珠岩。

（3）取 50#PVC 管分段截取中心支撑管，长度为 2m。

（4）立柱钵准备好。

（5）加工定植管杯。

2. 组装

（1）将剪好的无纺布贴着立柱钵内壁铺好，无纺布中心剪好的口子套在立柱钵中心柱底部，无纺布剩余部分露在外面备用。往里填满准备好的珍珠岩，并用露在外面的无纺布盖在珍珠岩表面。

（2）将每个装好珍珠岩的立柱钵自下向上垒放到一起就是一个立柱体，如图 3-2 所示，一般要求 12 个为一组，也可以任意数量组合，组合好后用中心支撑

图 3-2　立柱栽培实物

管穿到立柱中间，之后就可以摆放到回液槽中。立柱与立柱之间摆放的距离，一般单排要求 80cm，双排 100cm。立柱摆放好后上端要用铁丝或者 PVC 管道进行固定，并把供液滴管放到立柱上部开始供液。

（3）最后把定植好植物的管杯插到立柱上就完成了立柱的全部组装工作。

三、种植管理

1. 定植小苗

先配制基质土，并往基质土里加一定量的营养液或者水，让基质土有一定的黏合性，这样装到管杯里不容易散开。然后将准备好的苗子或者扦插条定植到管杯里，并摆放到一个宽敞的地面进行集中养护管理，也可以直接插到立柱上。在定植完小苗后前 5d 要勤观察，及时补水，天热要洒水降温。当小苗长出新叶的时候，说明植物已经生长稳定，可以进行正常管理。

2. 生长期的管理。

（1）自动供液时间的调整。植物生长前期由于植株小需水量不大，一般 1d 可以供液 1 次，每次 1~2h 即可，连续阴雨天可以间隔 2d 左右供液 1 次。当植物进入快速生长期，特别是天气干热时，植株需水量大，一天可以供液 2 次，每次 1~2h。

（2）营养液浓度。前期可以调整在 1.8×10^{-6} 左右，快速生长期调整在 2.0×10^{-6} 左右。

（3）环境调控，比如温度、湿度、光照等因子。立柱栽培多数种植叶菜、花卉、芳香植物等，可以根据植物最适合的生长环境来进行调整。比如生菜要求冷凉的生长环境。

3. 修剪、采收换茬

（1）多年生的植物要经常进行修剪，也可以结合食用或者采摘时进行修剪，防止旺长乱长，保持较好的观赏性，同时防止病虫害的滋生。

（2）对生菜等短周期植物要在采收前 10d 左右开始育苗。采收完成后，管杯里的基质土要进行消毒后才能再次使用，或者更换新的基质土，开始进行下一轮定植小苗工作。

4. 维修管理

当出现大面积供液量小时，可以调小减压阀门，增加供液压力。当单个或少数几个立柱出现不供液时，说明滴管有杂质堵塞，拔出滴管进行清洗即可。对供液系统装有过滤器的，要经常清洗过滤器，保证供液顺畅。

四、病虫害防治管理

1. 常见的病虫害

蚜虫、白粉虱、螨类、蓟马、菜青虫、猝倒病、软腐病、立枯病、茎腐病和白粉病等。

2. 常用药物

吡虫啉、除尽、菜喜、阿维菌素、哒螨灵、甲基托布津、多菌灵、甲基托津克露和农用链霉素等。

3. 病虫害防治工作

在小苗时开始，育苗前育苗场地进行消毒，育苗基质要选择无菌无虫的新基质。出苗后和定植期要喷洒一次杀菌剂，植物生长期发现病虫害后要及时进行防治。使用化学药剂时要注意一种药物不可以连续多次使用，可以多种药物轮换使用，避免病虫害产生抗药性。

第二节　墙体栽培

一、结构原理

1. 结构

墙体栽培包括供液系统、回液系统和种植墙体三部分。种植墙体由墙体钢架结构、墙体泡沫槽、墙体填充物和定植管杯组成。墙体钢架结构固定在回液槽中，用来连接固定墙体泡沫槽。墙体填充物是用无纺布包裹着的海绵块，用来传导营养液。墙体泡沫槽分上下两部分，其中，下半部有带孔的底，两端 1/3 处各有一个用来串钢结构的方孔，如图 3-3 所示。植管杯是由 50# 的 PVC 圆形管材制造而成，用于定植植物。

2. 原理

营养液通过供液系统从墙体上部进入到墙体海绵块里，再通过海绵块自上向下渗透，同时也渗透到管杯基质土里，从而供给植物所需的营养和水分。多余的营养液会渗透到墙体底部的回液槽中，并通过回液系统回到营养液池。

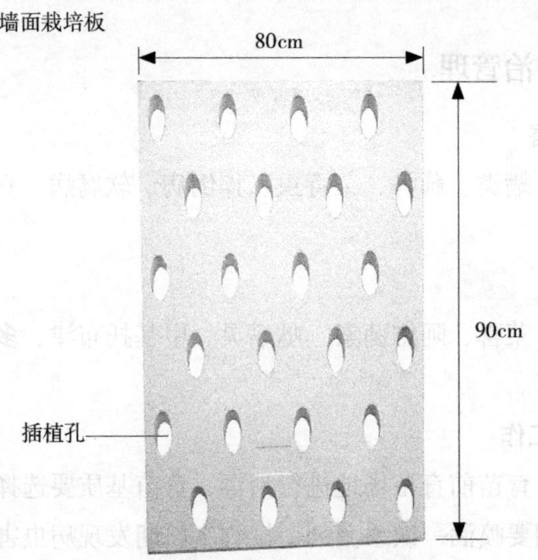

图 3-3　墙体栽培材料

二、操作组装

1. 材料准备

（1）将厚度为 4cm 的海绵剪成规格分别是 16.5cm × 15.5cm 和 16.5cm × 35cm 的海绵块，并用无纺布包裹。

（2）加工定植管杯。

（3）墙体泡沫槽产品准备好。

（4）固定墙体钢骨架结构。

2. 组装

（1）按照设计要求做好墙体钢骨架结构。

（2）将准备好的海绵块塞到墙体泡沫槽里，做好后串到墙体钢骨架结构上。一般 12 个单元为一组墙体，左右可以无限扩展。

（3）墙体泡沫槽放好后将用来供液的毛细管均匀插到墙体上端有海绵的位置，之后就可以给墙体供液。

（4）最后把定植好植物的管杯插到墙体定植孔上就完成了墙体的全部组装工作，如图 3-4 所示。

图 3-4 墙体栽培实物

3. 种植管理与病虫害防治

墙体栽培种植管理与病虫害防治方法同第一节立柱种植管理。

第三节 立体管道栽培

一、立体管道栽培结构原理

1. 结构介绍

立体管道栽培结构可以分两大部分，一是栽培部分，二是控制部分。其中，栽培部分主要由栽培管道（栽培管一般为 2~4m，按叶菜栽培行距来布置管道间距）、结构钢架、贮液箱、营养液（北方地区要考虑用营养液用加热器，冬季水培蔬菜根际温度偏低）、动力水泵、供液管线和回液管线构成，如图 3-5 所示。控制部分由阀门组合、电力控制箱（电磁阀）、液位控制器和温度传感器等组成，阀门组合是为了满足对液池营养液不同功能的控制。它包括水泵阀、回液阀（为了增加液池融氧和营养液浓度和温度均匀一致）、进水阀、强排阀（为了消毒清洗液池）和供液阀。电力控制可以对营养液的实用手动控制和自动控制。温度传感器是有一个感温的探头插入水中传感液温，目前条件好的地区都会装有营养液的 EC 值和 pH 值传感器等。

2. 工作原理

以管道为载体，在管道上打孔，管道上的“定植孔”一般设计为 12cm ×

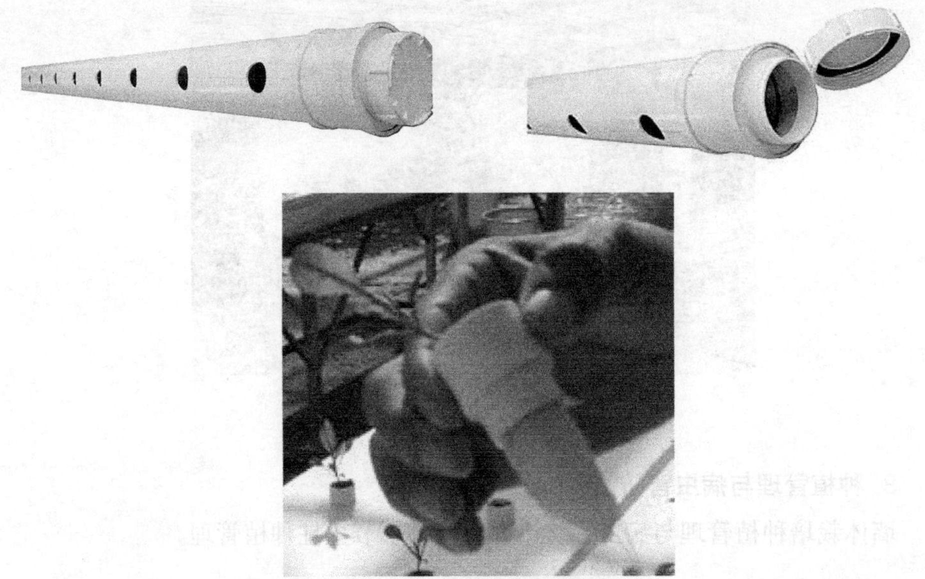

图 3-5　立体管道栽培结构

8.5cm，这样便于清除管内蔬菜残根和管道清洗。把打好孔的管道放到立体栽培架上，植物栽培到管道的定植孔中，营养液在管道中循环，植物根系浸泡在营养液中。其中，储液池中存储营养液，通过供液管和回液管与栽培管相通，栽培管中盛放营养液，储液池中的营养液经供液管流到栽培管内，通过回液管流回储液池，管道的一头是进液口，另一头为回液口，这样利于减少栽培管内营养液浓度偏差。通过间断或不间断的供液，并设定好液位高度来保持管道内的液位，目前立式管道的液位主要由管道头的 PVC 补心决定，液位基本占到管道直径的 1/3~2/3。立式栽培管道可以根据需要设计制作成多种栽培造型，既可制成固定式，也可做成可移动式；既可以做成单排管道，也可以做成双排管道或报架式管道。上述装置主要适宜栽培以叶菜为主的蔬菜。

二、立体管道栽培系统操作

1. 使用步骤

清洗液池和栽培管道，一般常用的液池杀菌是 200 倍液的 84 消毒液或者 1 000 倍液的高锰酸钾均匀喷施。并用清水冲洗干净后就可以使用。

（1）液池注水。一般情况下自来水就可以作为源水，条件好的地区可以采用反渗透高压水处理水最好。配制营养液，叶菜类的 EC 值一般控制在 1.6~2.2mS/cm，具体我们是依据菜苗的不同生长期和环境温度来确定。小苗期营养液浓度稍微低些，大苗期营养液浓度高些，温度高浓度低些，温度低浓度高些。

（2）备苗和定植。一般在菜苗 5~8cm 时定植（考虑立式管道液位和菜苗根系，菜苗子小，根系接触不到液位，不易成活。）

正常养护至采收标准。

2. 栽培技术

（1）蔬菜品种选择。红叶甜菜、黄梗甜菜、紫叶生菜、花叶生菜、红叶苋菜、绿叶苋菜、紫背天葵、绿背天葵、金丝芥菜、花叶苦苣、香芹、荆芥和西芹等十几种蔬菜。管道化栽培依据栽培决定选择需要栽培的品种，观光性强的一般选择生长期长，且观光效果好的蔬菜，例如花叶苦苣和紫背天葵等。以生产为目的则要选择生长较快，株型一致的蔬菜，例如紫叶生菜和花叶生菜等。

（2）育苗。目前管道栽培用苗通常采取提前用穴盘育苗，大多采用平盘栽培，选用质地较细的蛭石作为基质，蔬菜种植播种前一般要用杀菌剂（多菌灵或甲基托布津）500 倍液浸种，然后晾干后撒播于穴盘，覆盖用蛭石，覆土厚度通常是覆盖种子粒径的 1~3 倍。蔬菜的种子大部分都很小，依据作者经验是覆土厚度一般以盖满种子为宜。

（3）定植。一般定植前 1 周用多菌灵或甲基托布津 1 000 倍液等进行预防性消毒杀菌。这样就会减少发生定植后菜苗根茎部出现病变造成死苗现象。栽植前要摘除菜苗底部黄叶和病叶。洗根（这一环节很重要，一般采取流水冲洗减少伤根，由于苗期病菌很容易侵入伤根）最好不伤根，定植时用海绵裹住根颈部位，放到栽培管道的栽植孔固定即可。这里海绵需要注意的是海绵的质量与海绵的大小问题。目前市场上采取的海绵有如下类形，一般选择厚度为约 5cm，且质地稍硬的海绵，海绵一般要剪成比栽植孔稍大一些即可，再一个就是海绵块要用一般的杀菌剂进行处理，处理后务必使用清水洗净。

（4）营养液的配制。用于栽培的营养液可以选用全营养液，大都采用市场上通用的配方，也可以用针对的日本山崎配方，为了防止配制时产生沉淀，一般情况下，要把钙离子和硫酸根离子分开来操作，即先加入硝酸钙，然后再加入其他如硝酸钾和硫酸镁等肥料。边注入边加水并不断搅拌，循环均匀后再以同样的方法加入微量元素，调整酸碱度，一般 pH 值调整为 5.5~6.5 即可，同时，可用便携式的 pH 值计进行检测。如 pH 值过高即偏碱性时，应加入适量磷酸或硝酸进行中和，有些硬水地区可用磷酸和硫酸的混合液进行中和；pH 值过低即偏酸性时，可加入氢氧化钠或氢氧化钾进行中和。pH 值的调整周期以 15~20d 为宜，发现 pH 值不适合立即在储液池中进行调整，循环均匀即可使用。

（5）定植后的参数管理。营养液 EC 值的管理，定植后小苗期：EC 值为 1.0~ 1.5mS/cm。迅速生长期：1.5~1.8mS/cm。收获前期：EC 值为 1.8~2.0mS/cm。温度的管理：叶菜类一般白天温度保持在 24~30℃，当超过 30℃时，自动放风降温；夜间温度则保持在 8~10℃。果菜类（小番茄和管道草莓等）一般白天温室保持在 20~25℃，夜间温度则保持在 8~12℃。

（6）定植后环境调控。

① 湿度管理：整个生长期都要尽可能降低温室内的湿度，因为湿度过大，容易发生病害。一般叶菜类的湿度控制在 70% 左右，果菜类为 50% 左右。

② 光照控制：生长适温为 18~28℃。阳光板或薄膜温室一般每月要清洗一遍灰尘，以提高其光合作用的效率。而像莴苣和芹菜等喜阴蔬菜，光饱和点低，要求较弱的光强才有利于高产优质，强光会严重影响产量品质，因此，在生产中要注意遮光。

三、病虫害的防治

管道化栽培只要前期工作做得好一般很少有病害发生，如发现一小部分病害应及时去除，并喷多菌灵或高锰酸钾等杀菌剂进行杀菌和预防其大面积病害的发生。营养液一般用乙磷铝进行杀菌。常见温室虫害需要重点防治的主要有烟粉虱、蓟马和螨害等。

1. 烟粉虱的防治方法

（1）综合防治。

① 培育无虫壮苗：育苗温室最好加防虫网。

② 熏蒸法：移栽前若发现大棚中有烟粉虱，应在移栽前熏蒸 1 次，然后进行移栽。

③ 黄板诱杀法：在棚内植物行间设置黄板诱杀成虫。市场上做成条状或筒状的产品。

（2）化学防治。

① 喷洒杀虫药物：在烟粉虱发生初期喷洒 10% 可湿性粉剂吡虫啉 1 000 倍液（蚜克西 500 倍液加上一遍净 1 000 倍液），以叶背喷雾为主，然后再喷叶片正面，过 3~4d 再喷 1 次，喷雾时尽量喷匀。

② 采用烟剂：烟剂熏蒸是目前最好的方法之一，因为这些药物烟可以深入到棚体的各个角落。一般熏蒸在晚上进行，将风机管顶窗和侧窗关好，再将烟剂摆放均匀，从里向外点燃，全部烟剂点燃后出来，关严温室熏蒸一夜，第二天早晨打开 90% 以上成虫都能死亡。

所用药物有敌敌畏烟剂和蚜克灵烟剂等，首次熏蒸后，时隔 3~4d 再熏 1 次，一定要连治几次，将虫量压至最低。喷雾时一定要加消抗液，因烟粉虱体背翅背上有一层鳞粉，所以药物不易浮着和吸收。熏蒸一定连续进行 2~3 次，由于虫卵不易杀死过几天又孵出来。

2. 蓟马和螨的防治方法

（1）蓟马的防治。蓟马具有产卵于叶，内组织和落土化蛹的习性，我们必须每隔 5~7d 重复施药，一般连喷 3~4 次。10% 吡虫啉可湿性粉剂每 667m^2 施用 20g，或 17.5% 蚜螨净 1 000 倍液、好年冬 20% 乳油 1 500 倍液和 40% 七星宝乳油 500 倍液效果较好。

（2）螨害的防治。以化学防治为主，移栽定植前要仔细检查苗床，如有害害，必须及时喷药防治，把害虫消灭在苗床内期，应抓住害螨发生初期及时喷药防治，可选用 5% 噻螨酮乳油（尼索郎）1 500 倍液、20% 双甲脒乳油（螨克）1 500 倍液和 2.2% 甲维盐 2 000 倍液等交替使用，在生产上防治效果很好。

四、立式管道栽培优点

1. 立式管道栽培载体及营养液供应系统

利用管件材料来源的广泛性，普通的老百姓都可从市场获取，再按技术要求进行人性化、个性化的设计，构架出各种栽培系统，容易实现艺术化造型，打破了传统栽培的单调性，更增趣味与操作性。

2. 立式管道栽培模式

可以运用自动控制系统，常而且能做到专家管理的水准，植物生长比人工管理更好。营养液的循环运用，解决了土壤环境肥水管理难度大、技术要求高的缺点，适于城市洁净环境下植物的栽培，更适于居民在不懂肥水管理技术下进行傻瓜化栽培，适于水资源匮乏情况下的最节水化栽培。由于水在密封的管道或容器内，水蒸发与流失损耗最小化，是利用率最高的一种栽培模式，如图 3-6 所示。

3. 立式管道栽培从土壤栽培中解放出来

以水代替了土壤，以营养液代替了肥料，栽培过程非常清洁环保，小型产

图 3-6　立式管道栽培

品可于办公室内等优雅的环境栽培，无须顾忌像土壤一样会发出的异味或滋生病虫。另外立式管道可以承载空间去设计，能充分利用空间，立体分层，或因场景而灵活设计栽培系统。

4. 立式管道栽培适应性更强，空间更广

可于室内，也可于室外，可用于生产，也可用于家庭，可用于种花，也可用于栽培瓜果蔬菜。

5. 在农业生产上利用立式管道栽培生产蔬菜

病虫害更少，管理更方便，产量与质量都能得到较好的提高，特别是生产叶菜比土壤栽培更清洁与无公害，是未来栽培的一种主要模式。化学的矿质离子化营养液取代了有机腐殖肥与化肥，全价式的配方解决了常规施肥相关的技术问题，能实现植物的平衡发育与生长。洁净化的化学营养液更利于城市居民白领阶层的兴趣栽培，也解决了有机肥带来的虫蚊菌的滋生污染。不管小孩老人妇女皆可操作。 水为介质的管道栽培减免了如中耕除草翻地保墒等园艺操作，也隔绝了常规环境下许多以土壤为栖息的虫及菌，完全可以实现免农药栽培是生产无公害纯绿色蔬菜瓜果的最好方法。

6. 在家庭栽培上的运用立式管道栽培模式能美化生活中的每一个空间

起到美化与净化空气，增加家庭生活情趣及对小孩的科普教育上多有较大的意义。 空间利用率最大化，凡是有空间的地方皆可被最大化的利用，实现立体化艺术化栽培。

7. 立式管道栽培管理上只需定期更换营养液与在贮液箱中添加水分

就是毫无栽培技术的老人小孩都能轻松操作，轻轻松松地赏受美，利用管道容器栽培的高效率，完全可以生产出可供家庭所需的各种蔬菜，如利用得好，仅上述空间的充分利用就可满足人们对瓜果蔬菜的需要，是一种完全的生态的绿色的可循环经济模式。可以实现栽培过程中管理自动化。

管道化栽培是未来城市绿化生态建设和解决空间绿化的一种最简单而实用的方法，只要提供水源和电力就可以创建一个绿色空间；只要稍加关注照料就可实现绿色蔬菜的葱绿生长；只要稍作设计就可以经营一个自给型的菜篮子。它的发展前景无可估量，它的市场空间无可估量，是未来城市农业与城市绿化的最好项目。

五、新型立体管道栽培

该模式是在老一代 PVC 管道的基础上，研发的第二代管道种植模式。第二代模式采用加硬白色泡沫材质。单个材料分成盖板和底槽两部分。

新式管道解决了原来管道栽培存在的以下 3 个问题。

第一，清洗方便，盖板和底槽分离。

第二，液位可以依据菜苗大小调节。

第三，供液方便，可以自由组合，如果结合栽培架可以做多层栽培种植。

1. 结构简介

包括栽培槽、储液池、供液管和回液管。其中，储液池中存储营养液，通过供液管和回液管与栽培槽相通，栽培槽中盛放营养液，储液池中的营养液经供液管流到栽培槽内，通过回液管流回储液池，其特征在于定植盖板上设有等距离定植孔，定植盖板位于栽培槽上方并与栽培槽插接。这样极大地方便了管道内部环境监控及管道内部污垢清理，不仅可以避免杂物落入槽中，而且还可以遮光、隔热和保温，使槽中营养液处于黑暗环境中，且温度保持相对稳定，更利于植物的生长发育，提高作物品质与产量。

2. 操作介绍

（1）使用步骤。

① 清洗液池和栽培管道：一般常用的液池杀菌是 200 倍液的 84 消毒液喷洒，并用清水冲洗干净后就可以使用。

② 液池注水：一般情况下自来水就可以作为源水。配制营养液时，叶菜类的 EC 值一般控制在 1.6~2.2mS/cm，具体人们是依据菜苗的不同生长期和环境温度来确定。小苗期营养液浓度稍微低些，大苗期营养液浓度高些，温度高浓度

低些，温度低浓度高些。

③ 栽培管道供液。

④ 备苗和定植：一般在菜苗 5cm 时定植，定植后检查供液情况，一般情况下定植初期要勤于检查供液情况和循环情况，保证菜苗成活。供液管线用滴箭时要防止细管虹吸现象。

⑤ 正常养护至采收标准。

（2）栽培技术。

① 品种选择蔬菜品种：紫叶生菜、花叶生菜、红叶苋菜、绿叶苋菜、紫背天葵、绿背天葵、金丝芥菜、花叶苦苣和荆芥等 9 种比较低矮的蔬菜，管道化栽培依据栽培决定选择需要栽培的品种，观光性强的一般选择生长期长，且观光效果好的蔬菜，如花叶苦苣和紫背天葵等。以生产为目的则要选择生长较快，株型一致的蔬菜，例如紫叶生菜和花叶生菜等。

② 育苗：当前管道栽培用苗通常采取提前用穴盘育苗，采用平盘种植，选用质地较细的蛭石作为基质，蔬菜种植播种前大多要用杀菌剂（多菌灵或甲基托布津）500 倍液浸种，然后晾干后撒播于穴盘，覆盖用蛭石，覆土厚度是种子粒径的 1~3 倍。蔬菜的种子大部分都很小，人们一贯的经验是覆土厚度一般以盖满种子为宜。

③ 定植：一般定植前 1 周采用多菌灵或甲基托布津 1 000 倍液等进行预防性消毒杀菌。这样就会极大地减少定植后菜苗根茎部出现病变造成死苗。栽植前要摘除菜苗底部黄叶和病叶。洗根（这一步很重要最好采取流水冲洗减少伤根，因为苗期病菌很容易由伤根侵入）最好不伤根，定植时用海绵裹住根颈部位，放到栽培管道的栽植孔固定即可。这里需要注意以下两点：一是海绵的质量问题；二是海绵块大小问题。目前市场上有以下类型的海绵，一般选择厚度以厘米为单位，质地稍硬的海绵，海绵一般要剪成比栽植孔稍大一些；另外，海绵块要用常见的杀菌剂处理如多菌灵等，消毒后需要用清水洗净。

④ 营养液的配制：用于栽培的营养液可以选用全营养液，可以采用市场上通用的配方，也可以用针对的日本山崎配方，为了防止配制时产生沉淀，一般情况下，需要把钙肥和其他肥料分开来溶解，即先加入硝酸钙，然后再加入其他如硝酸钾和硫酸镁等肥料。边注入边加水并不断搅拌，循环均匀后再以同样的方法加入微量元素，调整酸碱度，一般 pH 值调整为 5.5~6.5 之间即可。可用便携式的 pH 值计检测。如果 pH 值过高呈偏碱性时，应加入适量磷酸或硝酸进行中和，

有些硬水地区可用磷酸和硫酸的混合液进行中和，pH 值过低即偏酸性时，加入氢氧化钠或氢氧化钾进行中和。pH 值的调整周期以 15~20d 为宜，发现 pH 值不适合立即在储液池中进行调整，循环均匀即可使用。

⑤ 定植后的参数管理：营养液 EC 的管理，定植后小苗期为 1.0~1.5mS/cm。迅速生长期为 1.5~1.8mS/cm。收获前期为 1.8~2.0mS/cm。温度的管理：叶菜类一般白天温度保持在 24~30℃，超过 30℃，自动放风降温；夜间保持在 8~10℃。果菜类（小番茄和管道草莓等）一般白天温室保持在 20~25℃，夜间在 8~12℃之间。

⑥ 湿度管理：整个生长期都要尽可能降低温室内的湿度，因为湿度过大，容易发生病害，一般叶菜类的湿度控制在 70% 左右，果菜类的湿度控制在 50% 左右。

⑦ 光照控制：生长适温为 18~28℃。阳光板或薄膜温室一般每月要清洗一遍灰尘，以提高其光合作用的效率。而像莴苣和芹菜等喜阴蔬菜，光饱和点低，要求较弱的光强才有利于高产优质，强光会严重影响产量品质，在生产中要注意遮光。

⑧ 整理：在生育期间要及时摘除老叶和病叶，以利于通风透光，使植株受光均匀。

3. 病虫害的防治

管道化栽培只要前期工作做得好一般很少有病害发生，如发现一小部分病害应及时去除，并喷多菌灵或高锰酸钾等杀菌剂进行杀菌和预防其大面积病害的发生。一般用乙磷铝对营养液进行杀菌处理。常见温室虫害需要重点防治的主要有烟粉虱、蓟马和螨害等。

对于烟粉虱的防治。

（1）综合防治。

① 培育无虫壮苗：育苗温室最好加防虫网。

② 熏蒸法：移栽前若发现棚中有烟粉虱，在移栽前熏蒸 1 次，然后进行移栽。

③ 黄板诱杀法：在棚内植物行间设置黄板诱杀成虫。市场上做成条状或筒状的产品。

（2）化学防治。

① 喷洒杀虫药物：在虫害发生初期，可喷洒 10% 可湿性粉剂吡虫啉 1 000 倍液（蚜克西 500 倍液加上一遍净 1 000 倍液），喷雾叶背为主，之后再喷叶片正面，大致经过 3~4d 后再喷 1 次，喷雾的要求是药液尽量喷匀。

② 采用熏蒸剂：实际生产中最好的方法就是熏蒸，因为这些药物烟可以深入到大棚的各个角落。一般熏蒸在晚上进行，将风机管顶窗和侧窗关好，再将烟剂摆放均匀，从里向外点燃，全部点燃后出来，关严温室熏蒸一夜，第二天早晨打开 90% 以上成虫都能死亡，所用药物如敌敌畏烟剂和蚜克灵烟剂等，3~4d 再熏 1 次，一定要连治几次，将虫量压至最低，喷雾时一定要加消抗液，因烟粉虱体背翅背上有一层鳞粉，所以药物不易附着和吸收。熏蒸一定连续进行 2~3 次，否则由于虫卵不易杀死，过几天又孵出来。

③ 蓟马的防治：目前主要采用化学农药。蓟马具有产卵于叶内组织和落土化蛹的习性，必须每隔 5~7d 重复施药，一般连喷 3~4 次。10% 吡虫啉可湿性粉剂每 667m^2 喷施 20g，或 17.5% 蚜螨净 1 000 倍液、好年冬 20% 乳油 1 500 倍液和 40% 七星宝乳油 500 倍液效果较好。

对于防治螨害，笔者的经验是采取化学防治法，移栽定植前要仔细检查苗床，如有害虫，必须及时喷药防治，把害虫消灭在苗床内期，应抓住害螨发生初期及时喷药防治，可选用 5% 噻螨酮乳油 (尼索郎)1 500 倍液、20% 双甲脒乳油 (螨克) 1 500 倍液和 2.2% 甲维盐 2 000 倍液等交替使用，可以取得很好的效果。

第四节　多层细叶菜栽培

一、结构原理

1. 结构

多层细叶菜包括栽培架、细叶菜栽培装置、供液系统和回液系统。细叶菜栽培装置包括栽培水槽、带孔栽培托、防水膜、无纺布、吸液条和陶粒。

2. 原理

营养液通过供液系统进入栽培水槽，吸液条吸收营养液并传到无纺布上，供给植物种子发芽所需的营养和水分，植物的根系长大后就可以进入营养液中吸收营养和水分，直到植株完成整个生命周期。多余的营养液会通过回液系统回到营养池里再利用。

3. 操作组装

（1）材料准备。

① 按照设计规格要求：焊接好栽培架。

② 准备好栽培水槽和带孔栽培托产品。

③ 剪防水膜：要求防水膜宽 1m，长度根据一个床的种植长度定。

④ 剪无纺布：要求宽度 50cm，长度根据一个床的种植长度定。剪无纺布条，宽度 2cm 左右，长度 15cm 左右。

⑤ 清水冲洗直径 5 厘米左右的陶粒。

（2）组装。

① 将栽培水槽摆放到栽培架上，把防水膜平铺到槽中，多余的膜折到槽外面，在回水口位置定好水位。

② 膜铺好后把带孔栽培托放到槽里，把剪好的无纺布条插到栽培托孔里，一部分在槽里，可以接触到营养液，一部分在栽培托上面，然后把 50cm 宽的无纺布平铺到栽培托上面。

③ 最后一步是在无纺布上面均匀地撒播种子，在种子的上面再覆盖干净的陶粒，厚度以不露种子和无纺布为宜。

4. 种植管理介绍

（1）发芽前要经常检查无纺布干湿情况。干燥时要及时洒水，生产上也可以覆盖地膜来避免无纺布干的情况。在发芽后要进行适当的补苗或间苗工作，保证整个栽培床生长整齐。

（2）营养液供液次数要求每天 6~8 次。每次供液时间在 20min 左右，营养液的浓度要求在（$1.8 \sim 2.0 \times 10^{-6}$）。

（3）植株生长环境可以根据植株最适生长环境来调节。对于多层细叶菜要特别注意光照，尽量避免遮阴。

（4）植株成熟采收后。再次撒种前要换新的无纺布，或者将旧的无纺布消毒清洗后再用，陶粒可以重复使用，但也要经过消毒处理。

5. 病虫害管理

（1）常见的病虫害。蚜虫、白粉虱、蓟马、螨类、菜青虫、猝倒病、立枯病、腐烂病和白粉病等。

（2）常用药物。吡虫啉、除尽、菜喜、阿维菌素、哒螨灵、甲基托布津、多菌灵、克露和农用链霉素等。

（3）病虫害防治上要特别注意在小苗期的猝倒病。在出苗时可以喷洒 1~2 次杀菌药，太密的苗床要尽早间苗，栽培床的水位定的要是太高要适当降低水位。植物进入生长期后发现病虫害要及时进行防治。药物要轮换使用，避免病虫害产生抗药性。

二、多层叶菜栽培类型及系统操作

1. 多层深液流水耕栽培

深液流水耕栽培（Deep Flow Technique，简称 DFT）是指营养液液流较深（一般 5~8cm），植物固定在定植板上，根系直接伸长到营养液中生长的一种水培技术。它是最早应用于农作物生产的无土栽培技术，经过几十年的发展，现在已经发展成为非常普及的实用高效的栽培技术。目前在生产中已经得到广泛的大面积应用，并随着生产实际的需要，逐渐发展成熟了多层深液流水耕栽培技术。

（1）深液流水培技术特点。种植槽内液层较深，每株植物占有的营养液量相对较多，营养液的成分、浓度、pH 值和温度等不容易发生剧烈变化，根系的生长环境比较稳定。在出现断电等意外情况时根系仍能保持在相对稳定的环境中。

整个系统内的营养液是循环流动的。其作用在于增加了营养液中溶解氧的含量，满足根系的呼吸需要；使营养液能均匀的到达所有根系的表面，避免出现局部养分不足，满足植物生长需要；带走了植物根系代谢产生的有害物质，维持根系良好的生长环境；避免营养液中的某些成分发生反应形成沉淀。

植物固定在定植板上，由于定植板与液面之间存在一段距离，根茎部不会因浸入到营养液中而腐烂导致植株死亡。还有部分根系可以裸露在潮湿的空气中，可以使根系吸收到更多的氧气。

（2）多层深液流水耕栽培系统。多层深液流水耕栽培系统包括种植槽及堵头、定植盖板、营养液池、营养液供回液系统、控制系统和栽培架六大部分组成。

①种植槽及堵头：种植槽及堵头均由高密度泡沫材料制成，连接处采用隐蔽咬合设计。每块种植槽长度为 100cm，堵头长 50cm，宽度均为 40cm（包括槽壁宽度），槽壁宽为 2cm，槽内深 6cm。种植槽整体长度根据现场实际情况或设计需要来决定，一般最长不超过 20m。这种种植槽结构简单，重量轻，方便拆卸。泡沫材料隔热效果好，可是营养液的温度保持在比较稳定的状态，夏天不会太热，冬天不会太冷。由于种植槽采用组装式结构，在使用时要先铺一层专用的水培黑膜，并要保证黑膜的完整性，不漏水。在后续生产操作中要注意不能损坏薄膜。一旦破损要及时修补，无法修补时要进行更换。若没有水培黑膜，也可选用

其他薄膜代替，但要确保不会有有毒物质渗出而对植株造成伤害。

②定植盖板：定植盖板也是由高密度泡沫材料制成，长 100cm，宽 40cm，厚 2cm。两端以及槽体结合处均采用隐蔽咬合设计，以保证槽体的密闭性，避免了空气流通所带来的根系污染。每片定植盖板上预留有 10 个定植孔，孔间距为 20cm，可以根据栽培品种的密度需要决定是否打通。周围凸起的隐形定植孔设计，有效地避免了外部尘土、水、昆虫等杂物对营养液的污染。

③营养液池：营养液池一般是建在地下，利用水泵将营养液输送到种植槽内，槽内的营养液超过预定的水位线时就可以回流，回流过程不需借助动力。

营养液池建在地下有以下几个优点。

第一，节省地上部空间，提高土地利用率。

第二，方便进行与营养液有关的各种操作，如营养液配制和测量观察等。

第三，保持营养液温度的稳定，夏天有助于降温，冬天有利于加温。

营养液池的大小根据种植槽的多少，槽内液位高低等综合考虑，一般为 $4\sim8m^3$。营养液池内的水必须能维持整个循环的完整，不至于出现营养液池抽干而营养液还未回流致使水泵空转的情况。

营养液池的建造最好采用现场浇注的方式，必须保证不渗漏。所用水泥应该为高标号的耐腐蚀的。池内壁用聚乙烯丙纶防水卷材作防水。池底预留 60cm 左右见方的泵坑，并且池底集中向泵坑找破，是营养液或污水能全部被抽干，方便营养液池的清理等操作。营养液池上面留约 1m 见方的池口，比地面高出 20cm 左右并加盖，防止杂物进入水池，保证营养液池内的黑暗环境防止藻类生长。

④ 供回液系统：供回液系统主要由水泵、阀门组、供液管道、支管阀门、下水口和回液管道组成。

因营养液对金属管道具有较强的腐蚀性，所以供液管道原则上应选用塑料管，一般为 PVC 供液管或 PPR 供液管。从阀门组接出供液主管，主管上连接支管向种植槽供液。供液管的管径取决于供液量的多少。支管末端还要安装相应的阀门以调节供液流量或在需要的时候关闭供液。在立体栽培系统中一般将支管直接连接到最高层的种植槽，是营养液逐层按之字形路线回流到回液管道。

下水口可选用一般家用的塑料下水口，在下水口中固定一段 4.5~5.5cm 的 PVC 管，以控制种植槽内水位的高低，在其外面套一段直径 50~75 的 6cm 长的下端开口的 PVC 管以防止附近植株的根系伸长到回液口中造成回液口堵塞，并可迫使营养液从下部均匀回流。

回液管道所承受的水压较小，可选用质量较好的PVC排水管，但要确保管道接口处不漏水。可根据回液量的大小选用管径50~110cm的回液管，种植面积较大、水量较多时要采用分区回液的方式进行。承接下水口的回水管要高出地面一部分，以防止地面污水进入回液管进而污染营养液。回液管铺设时要集中向营养液池找坡，以促进营养液顺利回流。

⑤ 控制系统：控制系统主要包括电源总开关，保险装置，时控开关，接触器，热继电器，手动开关，手动自动转换开关和测温加温装置组成。条件允许时可安装计算机自动控制系统，由计算机控制完成测量、配液、加温、供液等一系列工作。

⑥ 栽培架：由于温室环境湿度较大且可能会接触营养液，栽培架的制作必须采用耐腐蚀的材料，而且多层深液流栽培系统保持营养液量较多，栽培架必须具有较高的承重能力，故一般选用40mm×20mm×（1.2~2）mm的热镀锌矩形钢管焊接。栽培架底脚加焊120mm×120mm×5mm的热镀锌钢板，以增加与地面的接触面积而防止底脚下陷，稳定栽培架并减少底脚对地面的划伤。

现在多层深液流栽培的模式有两种。一种是每层摆放单排种植槽，共摆放3~4层。最底层距地面20cm左右，以上层间距80~100cm。另一种是每层摆放两排种植槽，共摆放2~3层。最底层距地面20cm左右，以上层间距100~120cm。栽培架的高度要参考湿帘风机的高度和温室的整体高度，过高时夏天太热，冬天太冷，环境变化剧烈，不利于植物生长。两组栽培架之间留有80~100cm的道路，以满足光照和生产操作的要求。要在高密度，高质量和高产量之间寻找一个最佳的结合点。

（3）多层深液流水耕栽培系统操作。

① 营养液池的处理：营养液池建好以后要进行闭水试验，以确保液池不渗漏。由于新建水泥营养液池会有碱性物溶解到水中，因此在正式使用之前要用清水进行浸泡。每2~3d更换1次清水，直至清水的pH值保持稳定为止。用清水冲洗干净之后即可应用。为缩短浸泡时间，减少浸泡次数，可在清水中加入磷酸或稀硫酸，并开启水泵搅拌均匀，调节至pH值为3左右。随着浸泡过程pH值会逐渐升高，要再加入酸浸泡，直至稳定在pH值6.5左右为止。浸泡过程加入的酸最好为磷酸或硫酸，因为其与钙离子形成溶解度较低的磷酸钙或硫酸钙，能附着在墙壁表面阻止进一步反应。而硝酸和盐酸与之形成的都是可溶物，会使反应扩展到墙壁内部，破坏墙壁结构。

② 种植槽的处理：将种植槽摆放好后，先用宽透明胶带连接，这样可使种植槽连接成一个整体，便于移动。

根据槽的长度来裁剪水培黑膜，黑膜应比种植槽长 20~30cm，以确保黑膜能完整全面的覆盖种植槽。将黑膜大体铺放整齐后，可在黑膜上放一薄层清水，将黑膜压紧，使之与种植槽贴合紧密后再进行薄膜细部整理，使之整齐美观。整理完毕后可将多余部分裁掉或粘贴在种植槽上。采用双排模式时，两排槽之间的薄膜最好是分开独立的，避免中间积水滋生病菌。

黑膜铺好后要安装回水口。用与回水口相对应的开孔器或直接用回水口在合适的位置开孔，将回水口螺栓拧紧，并确保回水口上部与黑膜，槽底贴合紧密避免漏水。下水管最好选用不透明软管。

将供回液系统都连接好后用清水冲洗管道，将漏进管道内的沙土，水管锯末等杂质冲出。清洗种植槽，并用 400~600 倍液的 84 消毒液擦洗或喷洒进行消毒，晾晒半天后即可进行定植。

在不出现根系传染病害的情况下，种植 2~3 茬叶菜之后要按照上述方法进行一次全面消毒。出现病害时要及时采取措施进行处理。

（4）种植管理。

① 栽培蔬菜种类的选择：整体上选择种植低矮的叶菜类蔬菜。夏天上层温度高，光照强，故应选择喜光，耐高温的品种，如甜菜。下层选择喜温的较耐弱光的品种，如橡叶生菜和油麦菜等。冬季上层温度较低，环境变化剧烈，可种植耐低温喜温差的蔬菜，如红叶生菜，下层温度较适宜，但光照很弱，应选择耐弱光的品种。如芹菜。

② 种植管理：在小苗长到 3~4 片真叶时，即可从育苗盘中取出，将根部基质洗净，用海绵裹住根颈部，定植到种植孔中。但是这样小苗成活率较低，尤其是一些根系不很发达的品种，观赏效果较差，达到理想的观赏效果需要较长时间，而且定植孔间距都是根据成株来确定的，所以苗太小时会造成空间浪费，降低了单位面积的产量。

为提高定植之后的成活率，早日达到观赏效果，提高生产效率，需要把小苗在 1~2 个真叶时提前移植到水培专用苗床中培育，使小苗逐渐适应水培环境，待菜苗根系伸展较长且比较发达，具有一定的冠幅和叶片数（5~6 片叶）时，即可起苗定植到水培系统中。

每日查看苗子的生长状况，及时清理病叶黄叶。长势较慢的苗要及时调整，力求同一栽培床上的植株大小均匀一致。

夏季光照过强和温度过高时，要采取遮阴降温措施。

地面硬化面积大的温室冬季加温时湿度常常比较低，可在上午喷水加湿，使湿度保持在60%~70%，下午及晚上要避免高湿度，以免造成病害发生及蔓延。冬季加温时还要避免夜间温度过高，要与白天保持10℃左右的温差。

当天气出现连续阴天时，在有条件的温室要采取补光等措施，以保证植株健康生长。

红叶和紫叶生菜等彩色蔬菜要保证充足的光照和足够大的昼夜温差，颜色才更鲜艳。

植株出现病虫害时，要调整环境条件，防止病害蔓延。根据病害种类及病情，选用合适的药剂进行防治，防治效果不理想时要改变药剂种类或浓度。

③ 营养液管理：叶菜栽培一般采用叶菜专用营养液配方，根据季节进行浓度设定和控制，夏秋季节EC值一般控制在1.6~1.8mS/cm之间，冬春季节控制在1.8~2.0 mS/cm之间。

供液一般采取间歇供液法，白天每隔2~3h供液1次，每1次持续30~ 60min即可。

定期检查并记录营养液的pH值和EC值，不符合要求时要及时进行调整。

经常性的检查系统供液情况，供液不畅或管道堵塞时要及时疏通。水泵不能正常供液时要立即查找原因，并排除故障。

（5）病虫害管理。由于无土栽培的特性，不存在连作障碍，病原物的寄主也相对较少，所以无土栽培的病虫害相对于土壤栽培要少。但是温室的密闭性较差，大门的开关，天窗等通风设施的使用还是会带进一部分病虫害，在日常管理中要多加注意，把好预防关。主要从以下几方面进行防治：

① 农业防治：选择抗病、抗逆性强、适应性广的优质高产品种。加强通风透光，保持适宜的温度和适度，避免适宜的发病条件。及时摘除老叶、黄叶、病虫叶并清除病株残体，带出温室集中深埋或烧毁。

② 物理防治：采用温汤浸种等措施切断种源性病害的传播。利用黄板、蓝板等诱杀蚜虫、粉虱、斑潜蝇和蓟马等。在通风口处安装防虫网。大门口设立缓冲间。

③ 生物防治：利用天敌防治虫害的发生，如用丽蚜小蜂防治白粉虱。利用生物农药（如苏云金杆菌、阿维菌素和硫酸链霉素等）防治病虫害。

④ 化学防治：针对病虫害的实际情况，在合适的时间选择合适的药剂进行合理的防治。严格按照使用说明用药，施药时务必做到全面细致。轮换用药，避免出现抗药性。

2. 多层漂浮培

多层漂浮培是在漂浮水耕栽培的基础上发展而来的。提高了土地利用率和单位面积的产量。漂浮水耕栽培是指营养液液流较深（一般大于 10cm），植物固定在定植板上，定植板直接漂浮在营养液面的一种水培技术。

（1）漂浮水耕栽培特点。

① 种植槽内液层深，一般大于 10cm。每株植物占有的营养液量多，营养液的成分、浓度、pH 值和温度等稳定，根系的生长环境比较稳定。在出现断电等意外情况时根系仍能保持在相对稳定的环境中。可以减少供液次数和供液时间，减少了生产能耗，降低了生产运营成本。

② 整个系统内的营养液是循环流动的。

③ 种植的作物一般是需氧量较少的植株较小的叶菜类，如生菜、芹菜等。植物固定在定植板上，由于定植板与液面紧密结合，即使小苗定植也能保证很高的成活率。

（2）漂浮水耕栽培系统。多层深液流水耕栽培系统包括种植槽及堵头、定植盖板、营养液池、营养液供回液系统、控制系统和栽培架六大部分组成。

① 种植槽及堵头：种植槽及堵头均由高密度泡沫材料制成，连接处采用隐蔽咬合设计。每块种植槽和堵头长度为 100cm，宽度为 100cm，槽壁宽为 2cm，槽内深 13cm。种植槽整体长度根据现场实际情况或设计需要来决定，一般最长不超过 20m。这种种植槽结构简单，重量轻，方便拆卸。泡沫材料隔热保温效果好，槽内空间受外界环境变化的影响较小，即使在夏季，液温也不会超过 30℃。在南方高温季节也能正常使用。由于种植槽采用组装式结构，在使用时要先铺一层专用的水培黑膜，并要保证黑膜的完整性，不漏水。

② 定植盖板：定植盖板也是由高密度泡沫材料制成，长 100cm，宽 100cm，厚 2cm。每片定植盖板上预留有 50 个定植孔，孔间距为 10cm × 20cm，可以做到“小苗密植，大苗稀植”，提高了设施利用率和产量。也可专门作为水培苗的前期小苗培养使用。

③ 营养液池：营养液池一般是建在地下，利用水泵将营养液输送到种植槽内，槽内的营养液超过预定的水位线时就可以回流。

营养液池的大小根据种植槽的多少，槽内液位高低等综合考虑，一般为 4~8m^3。营养液池内的水必须能维持整个循环的完整，不至于出现营养液池抽干而营养液还未回流致使水泵空转的情况。

营养液池池口要加盖，防止杂物进入水池，保证营养液池内的黑暗环境防止藻类生长。

④ 供回液系统：供回液系统主要由水泵、阀门组、供液管道、支管阀门、下水口和回液管道组成。可参考多层深液流水耕栽培系统。

⑤ 控制系统：控制系统主要包括电源总开关，保险装置，时控开关，接触器，热继电器，手动开关，手动自动转换开关和测温加温装置组成。

⑥ 栽培架：栽培架的制作必须采用耐腐蚀的材料，且要有较高的承重能力，故一般选用 40mm × 20mm ×（1.2~2）mm 的热镀锌矩形钢管焊接。栽培架底脚加焊 120mm × 120mm × 5mm 的热镀锌钢板，以增加与地面的接触面积而防止底脚下陷，稳定栽培架并减少底脚对地面的划伤。

由于漂浮栽培的营养液量很大，种植槽较宽，为方便操作和提供较好的光照条件，栽培架一般制作两层。底层距地面 30~40cm，上层与底层的层间距在 100cm 左右。

（3）操作介绍。

① 营养液池的处理：营养液池建好以后要进行闭水试验，以确保液池不渗漏。由于新建水泥营养液池会有碱性物溶解到水中，因此在正式使用之前要用清水进行浸泡。每 2~3d 更换 1 次清水，直至清水的 pH 值保持稳定为止。用清水冲洗干净之后即可应用。

② 种植槽的处理：将种植槽摆放好后，先用宽透明胶带连接，这样可使种植槽连接成一个整体，便于移动。

根据槽的长度来裁剪水培黑膜，黑膜应比种植槽长 30~40cm，以确保黑膜能完整全面的覆盖种植槽。将黑膜大体铺放整齐后，可在黑膜上放一薄层清水，将黑膜压紧，使之与种植槽贴合紧密后再进行细节整理，使之整齐美观。整理黑膜铺好后要安装回水口。

将供回液系统都连接好后用清水冲洗管道，将漏进管道内的沙土，水管锯末等杂质冲出。清洗种植槽，并用 400~600 倍液的 84 消毒液擦洗或喷洒进行消毒，晾晒半天后即可进行定植。

在不出现根系传染病害的情况下，种植 2~3 茬叶菜之后要按照上述方法进行一次全面消毒。出现病害时要及时采取措施进行处理。

（4）种植管理。

① 栽培蔬菜种类的选择：整体上选择种植低矮的和根系需氧量较少的叶菜类蔬菜。栽培架整体高度不高，上下层环境变化不大，可种植同一品种的蔬菜。也可根据景观需要种植不同品种的蔬菜。

② 种植管理：在小苗长到1~2片真叶时，即可从育苗盘中取出，将根部基质洗净，用海绵裹住根颈部，定植到种植孔中。每个孔都可以种植小苗。等植株生长到能覆盖定植板时，既可以每隔一棵间出一棵苗定植到其他栽培床，也可以收获出售。

在高温季节，种植的芹菜和某些品种的生菜会出现生理性缺钙症状。其他栽培管理措施可参考多层深液流水耕栽培。

③ 营养液管理：叶菜栽培一般采用叶菜专用营养液配方，根据季节进行浓度设定和控制，夏秋季节EC值一般控制在1.6~1.8mS/cm之间，冬春季节EC值控制在1.8~2.0 mS/cm之间。

供液一般采取间歇供液法，每天供液1~2次，1次30~60min即可。定期检查并记录营养液的pH值和EC值，不符合要求时要及时进行调整。经常性地检查系统供液情况，供液不畅或管道堵塞时要及时疏通。水泵不能正常供液时要立即查找原因，并排除故障。

（5）病虫害管理。病虫害防治的措施可参考第四节多层细叶菜栽培中有关多层深液流水栽培的内容。

第五节　汽雾栽培技术

一、汽雾栽培原理

汽雾栽培又称喷雾栽培，它是利用喷雾装置将营养液雾化为小雾滴状，直接喷射到植物根系以提供植物生长所需的水分和养分的一种无土栽培技术。根据植物根系是否有部分浸没在营养液层而分为喷雾栽培和半喷雾栽培两种类型。

喷雾栽培是指根系完全生长在雾化的营养液环境。

半喷雾栽培是指部分根系浸没在种植槽下部的营养液层中，而另外的那部分根系则生长在雾化的营养液环境的。

汽雾栽培原理是指作物悬挂在一个密闭的栽培装置（槽、箱或床）中，而根系裸露在栽培装置内部，营养液通过喷雾装置雾化后喷射到根系表面。它是所有无土栽培技术中根系的水气矛盾解决得最好的一种形式，同时它也易于自动化控制和进行立体栽培，提高温室空间的利用率。

二、立体汽雾栽培结构

立体汽雾栽培结构由供液循环系统、营养液循环控制及检测系统、栽培支架和定植板等构成。

1. 营养液循环系统

供液系统主要包括营养液池、水泵、管道、过滤器和喷头等部分组成。有些喷雾栽培不用喷头，而用超声汽雾机来雾化营养液。

（1）营养液池（贮液池）。该体积要保证水泵有一定的供液时间而不至于很快就将池中的营养液抽干，如果条件许可，营养液池的容积可做得大一些，但最少也要保证植物1~2d的耗水需要。

（2）水泵。水泵的功率应与种植面积的大小、管道的布置以及选用的喷头及其所要求的工作压力来综合考虑而确定。选用的水泵须为耐腐蚀的材料。一般667m^2的大棚需用1 000~1 500W左右的水泵。

（3）管道。管道应选用塑料管。各级管道的大小应根据选用的喷雾装置所安装的喷头要求工作压力的大小而定。

（4）过滤器。由于水中或配制营养液的原料中含有一些杂质，可能会堵塞喷头，因此，要选择过滤效果良好的过滤器。

（5）喷头。可以根据喷雾栽培的形式以及喷头安装的不同位置来选用不同的喷头。有些喷头的喷洒面是平面扇形的，而有些则是360°全面喷射的。因此，喷头的选用以营养液能够喷洒到设施中所有的根系并且雾滴较为细小为原则。

（6）超声汽雾机。超声汽雾机是利用超声波发生装置产生的超声波把营养液雾化为细小雾滴的雾流而布满根系生长范围之内（栽培床内），取代了上述的供液系统。

2. 营养液循环控制及检测系统

营养液循环系统控制及检测系统一般由定时开关、电磁阀、pH值传感器和EC值传感器等构成。

通过营养液循环及检测系统可以实现对营养液供应及营养液理化性质的实时监控，满足立体汽雾栽培种栽培作物对根际环境条件的需求。

三、喷雾栽培的管理

1. 定植

喷雾栽培技术的定植方法可与深液流水培的类似。但如果定植板是倾斜的，则不能够用小石砾来固定植株，应用少量的岩棉纤维或聚氨酯纤维或海绵块裹住幼苗的根颈部，然后放入定植杯中，再将定植杯放入定植板中的定植孔中。也可以不用定植杯，直接把用岩棉、聚氨酯纤维或海绵裹住的幼苗塞入定植孔中，此时，裹住幼苗的岩棉、聚氨酯纤维或海绵的量以塞入定植孔后幼苗不会从定植孔中脱落为宜，但也不要塞得过紧，以防影响作物生长，如图 3-7 所示。

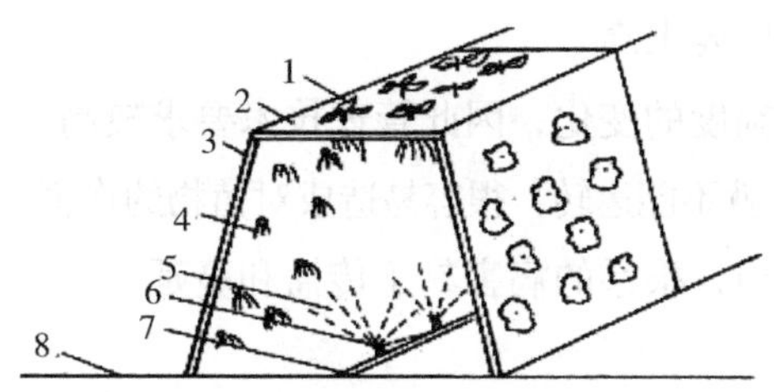

1. 植株 2. 定植板 3. 泡沫塑料板 4. 根系
5. 雾状营养液 6. 喷头 7. 供液管 8. 地面

A. 梯形喷雾培种植槽示意

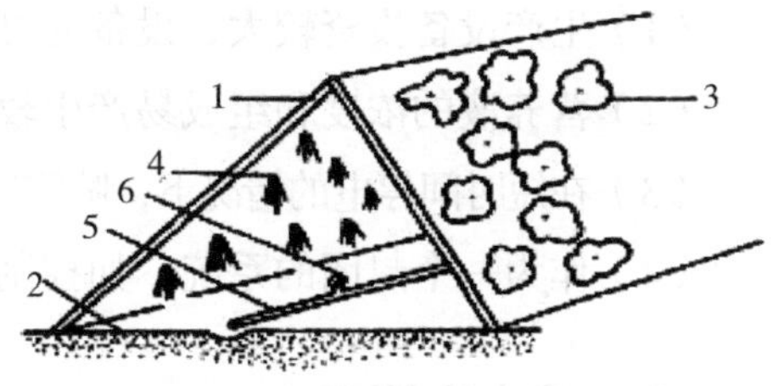

1. 泡沫塑板 2. 塑料薄膜 3. 结球生菜地上部分
4. 根系 5. 供液管 6. 喷头

B. A 形喷雾培种植槽示意

图 3-7 喷雾栽培种植槽示意

2. 营养液管理

喷雾栽培的营养液浓度可比其他水培的高一些，一般要高 20%~30%。主要是由于营养液以喷雾的形式来供应时，附着在根系表面的营养液只是一层薄薄的水膜，因此总量较少，而为了防止在停止供液的时候植株吸收不到足够的养分，就要把营养液的浓度稍为提高。如果是半喷雾栽培，则不需提高营养液的浓度，可与深液流水耕栽培的一样。

四、喷雾栽培的优缺点

1. 优点

（1）很好地解决根系氧气供应问题。

（2）养分及水分利用率高，供应快速而有效。

（3）充分利用温室内的空间，提高单位面积的种植数量和产量。温室空间的利用要比传统的平面式栽培提高 2~3 倍。

（4）容易实现栽培管理的自动化。

2. 缺点

（1）生产设备投资较大，设备的可靠性要求高。

（2）营养液的浓度和组成易产生较大幅度的变化，因此管理技术要求较高。

（3）在短时间停电的情况下，喷雾装置就不能运转，很容易造成对植物的伤害。

（4）作为一个封闭的系统，如控制不当，根系的病害易于传播和蔓延。

五、病虫害管理

病虫害防治的措施可参考第三节立体管道栽培中有关栽培和第四节多层细叶菜栽培中有关多层深液流栽培的内容。

第六节　家庭植物工厂

一、家庭植物工厂发展历史

植物工厂诞生于 20 世纪 40 年代，1957 年丹麦约克里斯顿农场里产生了世界上第一座植物工厂。早期的植物工厂建设规模小，主要局限在实验室内，且种植作物品种单一，采用人工气候室进行控制，运行成本较高。20 世纪 70 年代初至 80 年代中期，植物工厂开始发展起来，许多国家如美国、日本、英国、挪威、希腊和利比亚等企业都纷纷投入巨资，与科研机构联手研发关键技术。这时候的植物工厂应用范围比较广，自动化控制系统逐渐完善，示范效果开始。

20 世纪 80 年代以后，植物工厂迅速发展，发达国家相继成立了植物工厂协会，推动植物工厂的普及。同时，进入 21 世纪，随着科学技术和社会经济的发展，人们开始有了对安全无公害蔬菜的需求和现代农业体验的向往，“家庭植物工厂”概念应运而生。

家庭植物工厂既是一种适用于家庭使用、设计精巧和美观，可智能控制和远程监控的家用电器，同时又是一种微小版的植物工厂。

二、家庭植物工厂的类型

1. 家庭蔬菜工厂

家庭蔬菜工厂是由中国农业科学院设施农业研究中心与北京中环易达设施园艺科技有限公司自主研发的现代家庭蔬菜生产系统，如图 3-8 所示。该生产模式具有环境智能可控性、生产安全卫生和管理自动节能性等特点，该套系统设计精巧、美观、灵活和便捷，既是现代都市农业的重要标志，也是现代及未来家庭蔬菜生产的最理想方式，从而满足现代及未来家庭对现代农业科技体验和安全无公害蔬菜的需求。

2. 多功能家庭趣味植物生长装置

面对辐射、土壤污染和水质污染等各种人为污染的增多，使人们对蔬菜“健

图 3-8　现代家庭蔬菜生产设备

康”越来越关注，亮相中国国际花卉园艺展览会的“家庭植物工厂”可望解决人们的烦恼：一台外观如冰箱的机器，可以让家庭主妇在自家厨房里就完成蔬菜种植、采摘和烹饪，由于采用营养液封闭式栽培，蔬菜无污染，无须运输，又保证了蔬菜的新鲜和营养成分。

多功能家庭趣味植物生长装置具有创意设计独特、智能趣味、营养液自动供给、功能多样、装点生活的优点，可以满足人们种植叶菜和花卉等多种园艺作物的需求，如图 3-9 所示。

图 3-9　多功能家庭趣味栽培

三、家庭植物工厂为什么会大受欢迎

1. 美化生活需要

可以美化家居，将绿色带到身处钢筋混凝土“丛林”的现代人中。

2. 环保和健康需要

因为不施用任何农药，种植的蔬菜水果形态好、无污染、营养丰富，满足家庭对蔬菜安全、卫生和绿色的需求。

3. 现实生产需要

能进行小规模的蔬菜生产，它的适应范围和区域比较广，只要是能提供稳定电力和一点洁净水源的地区，便可以应用，一般家庭也可以摆放。

四、家庭植物工厂的发展前景

1. 管理

家庭植物工厂面对的用户是普通的不具备栽培专业知识的人群，不同的栽培作物，因其营养液的循环次数、光照明期暗期时段的搭配、营养液充氧量的调控等专业性较强的操作和设置，往往会让用户无所适从。

2. 成本

由于购置和运行成本高，是限制家庭植物工厂推广应用的重要因素。

第七节　家庭实用栽培装置及技术

一、家庭实用栽培的意义

随着我国人民物质和文化生活水平的提高，特别是生活在大都市的居民，对于家居条件改善的要求更加迫切。生活节奏的加快，人们对亲近大自然的向往，带动家庭无土栽培及阳台农业等家庭实用栽培装置和技术的发展，其中尤以小型化无土栽培形式表现最为突出。由于其独特地创意和趣味性，家庭实用栽培装置在家庭中的应用也越来越多。因此，可以说，家庭实用无土栽培装置的应用范围越来越广。其应用的意义主要表现在以下几个方面。

1. 陶冶情操、美化环境

庭院栽培蔬菜和花卉，使得凝固的家庭建筑增添了不少光彩和绿色，为居民提供了良好的生态家居环境。

2. 具有一定的实惠性

每 1.5m^2 的无土栽培设施每隔 30~40d，即可收获 10~15kg 的叶菜类作物，如生菜、小白菜和芥菜等叶菜类蔬菜。而种植番茄和黄瓜等茄果类作物，每茬也可生产出 20~25kg，而且还可以在完全成熟时才采摘，保证了产品的新鲜。

二、常见家庭小型无土栽培装置

家庭小型无土栽培装置的形式多种多样，可以根据种植者的喜好、建造无土栽培装置的材料来源和种植作物的种类来确定。

1. 家庭简易小型实用栽培装置

考虑到成本和废弃资源循环利用的目的，家庭简易小型实用栽培装置主要提倡就地取材，利用改造日常生活中的废弃容器的方法制备栽培装置，如图 3-10 所示，如塑料盆、提桶、花箱、花槽、木箱、铝皮箱、镀锌铁皮箱、塑料盒、坛子、食物灌，乃至浴盆、轮胎、麻袋和烧烤盘。

（1）器具准备。利用废弃的塑料杯，杯底扎孔，作为育苗用盆。塑料花盆或泡沫塑料盒（底部带孔）底部带托盘，不要用瓦盆。

（2）种植系统。种植系统由 2 部分组成，很容易组装，即 1 个水桶，1 个种植槽；没有种植槽，也可以用塑料盆和粗一些的 PVC 管道以及长条形底部密闭的花盆等替代。

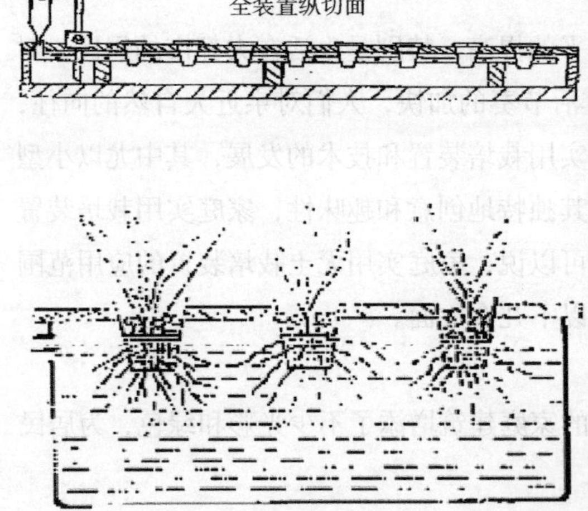

图 3-10　常用家庭小型无土栽培装置

2. 家庭高级小型实用无土栽培装置

家庭高级小型实用栽培装置是主要以无土栽培为主，是指能够为栽培作物提供优良环境条件，并对生长的环境条件具有一定自动调节能力的适合家庭无土栽培的一种小型栽培设施。与简易栽培装置相比较，其成本较高，但是具有更高的观赏价值和趣味性。

栽培装置成构包括栽培床或营养钵、营养液循环系统（参照立柱栽培与多层无土栽培内容）、光照设备，如LED和白炽灯等以及营养液检测设备等，如图3-11所示。

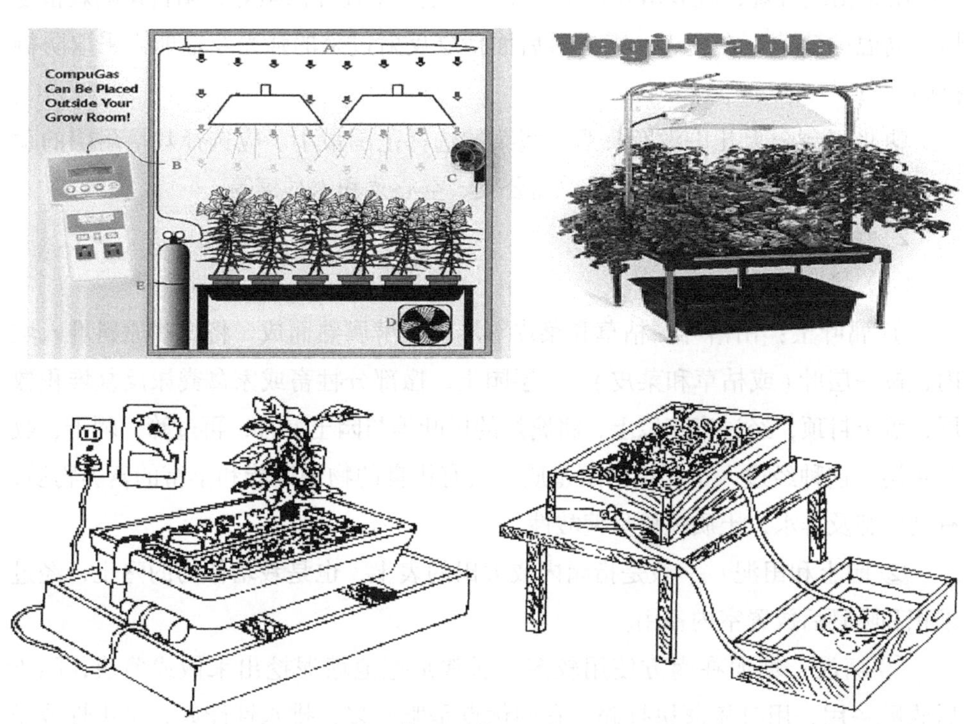

图3-11　常用家庭小型无土栽培装置

三、家庭实用栽培技术

1. 栽培品种选择

家庭使用栽培品种选择的依据要视家庭内部环境条件而定，但是同时还要考虑个人喜好及需求而定的栽培品种。一般而言，在家庭中进行栽培活动的地点是在阳台、庭院和天台等向阳地带，通常以各家各户的阳台种植最为普遍。

对于朝南具有良好封闭性的阳台在保证阳光充足和通风满足的条件下，这种阳台是最为理想的种植地带，几乎能够种植所有的喜温蔬菜。如黄瓜、苦瓜、番茄、菜豆、金针菜、番杏、芥菜、西葫芦、青椒、莴苣和韭菜等。此外，莲藕、荸荠和菱角等水生蔬菜也可以在朝南的阳台种植。冬季朝南阳台大多都能受到阳光直射，如果再搭起简易保温设备，就可以给冬季生产蔬菜开创一个非常不错的环境。

对于朝东、朝西阳台为半日照，可以种植喜光耐阴蔬菜，如洋葱、油麦菜、小油菜、韭菜、丝瓜、香菜和萝卜等。由于朝西阳台夏天西晒时温度较高，导致某些蔬菜出现日烧，轻者落叶，重者死亡。鉴于上述原因最好在阳台角隅栽植蔓性耐高温的蔬菜。在夏天，需要对后面楼层反射过来的强光及辐射光采取防御措施。

朝北阳台全天几乎没有日照，蔬菜的选择范围最小。应选择栽培耐阴的蔬菜，如莴苣、韭菜、芦笋、香椿、蒲公英、空心菜和木耳菜等。

2. 栽培基质及营养液

（1）栽培基质。

① 腐叶土：由落叶、枯草和菜皮等堆积发酵腐熟而成。将这些原料堆入坑内，按一层叶（或枯草和菜皮），一层园土，撒部分牲畜或家禽粪尿反复堆积数层，盖土封顶，经过半年以上，将腐烂的树叶等与园土混合，再过筛、晒干，收贮备用。这种经过人工制造的腐殖质，具有优良的物理性能和丰富的营养物质，有利保肥及排水，土质疏松呈偏酸性。

② 园土和田泥：一般是指园内或大田的表土，也是栽培作物的熟土，经过堆积和曝晒后放置室内备用。

③ 塘泥：塘泥在南方使用较多。通常是把池塘泥挖出来做成薄块，晒干后收贮备用，用时将薄块打碎，它的优点是肥分多，排水性能好，呈中性或微碱性。

④ 木屑：将木屑堆制发酵腐熟后，与土壤配制，使培养土疏松，保水性能得以增强，是近年来新发展的培养土原料。

⑤ 砖渣：将瓦片或砖块敲碎，有利排水和通气，但缺少养分。

（2）无土栽培营养液。家庭实用无土栽培营养液配制及日常管理参见立柱栽培和多层蔬菜无土栽培。

（3）施肥小窍门。

① 蔬菜需要移苗：务必等到移苗后再浇灌营养液。

② 蔬菜采用直接播种，不需移苗：那么先浇自来水，保持土壤湿润，待种子发芽和种苗长出后，才可以施用营养液。

尽管各种植物对水分要求不完全一样，但是每天浇灌1次营养液是非常合适的。如果种植的是叶菜，可以1d浇2次营养液。

生长前期少浇营养液，后期多浇。

提议每周至少1次只用自来水彻底滤洗栽植容器，除去容器中累积的未用肥料。具体办法是给容器浇足量的水，底部形成自流排水。这项措施能预防有害物质在培养基质中的积聚。

根据蔬菜生长状况，有时候，可以采用增加微量元素的营养液浇灌蔬菜。可以选择含有铁、锌、硼和锰的水溶性肥料，照着标签上的说明进行操作。

注意事项：滥用营养液可能存在造成蔬菜硝酸盐超标的风险。

3. 日常管理及病虫害防治

家庭实用无土栽培日常管理及病虫害防治参见立柱栽培和多层蔬菜无土栽培。

第四章 营养液管理技术

第一节 营养液的调节与控制

营养液调节与控制是植物工厂栽培体系中的关键技术。作物的根系大部分生长在营养液中，吸收其中的水分、养分和氧气，从而使其浓度、成分、pH 值和溶解氧等都在不断变化。同时，根系分泌的有机物、少量衰老脱落的残根以及各种微生物等都会影响营养液的质量。此外，外界的温度也时刻影响着液温。因此，必须对上述诸因素的影响进行实时监测和调控，使其经常处于符合作物生育需要的状态。营养液调节与控制的重点涉及 EC 值、pH 值、溶解氧和液温 4 个要素，如表 4–1 所示。

表 4–1 营养液调节与控制重点

项 目	管 理 要 点
pH 值	pH 值通常要保持在 5.5~6.5 范围内，该范围内养分的有效性最高，适用于多种作物 pH 值的调整通过营养液配方来选定，每一次调整变化的幅度不要超过 0.5
EC 值	要用 EC 值计来测定或自动在线检测与控制 定期分析、化验原水和营养液，检测肥料中各种成分状况 1.5~2.0mS/cm：这一指标表明根系发育与养分吸收状况良好，适宜于育苗时和定植后生长初期以及水分蒸发量多的高温期 2.0~2.5mS/cm：这是一般性的使用浓度，不同的作物之间会有细微的差异 2.5~4.5mS/cm：这个指标适宜于控制生育和水分等特殊的目的

（续表）

项 目	管理要点
营养液温度	不同的作物由于对养分、水分的吸收状况不尽相同，对营养液温度的要求也有细微差异，一般情况下，适宜的液温应保持在 18~22℃ 液温低时（12℃以下）养分溶解度降低，根系生理活性减弱，容易出现磷、镁和钙缺乏症 液温高时（25℃以上）容易出现根腐病，导致长势和品质下降
溶解氧	营养液中的溶解氧应保持 4~5mg/L 以上，避免缺氧烂根
营养液供给	供液调节与控制必须与水分蒸发量、液温、EC 值、pH 值、溶解氧含量以及栽培系统等因素协调起来，特别是根圈营养液浓度、pH 值与供液管理水平状况之间关系很大

一、pH 值调节与控制

随着作物对水分和养分的不断吸收，营养液中的 pH 值也会随时发生变化。因此，pH 值调节与控制对于保证作物正常生长十分重要，调节与控制不当将会造成根系发育不良甚至腐烂，植株长势弱化，出现某些元素缺乏症等生理障碍，进而导致产量和品质下降。

营养液的 pH 值因盐类的生理反应不同而发生变化，其变化方向视营养液配方而定。如果采用 $Ca(NO_3)_2$ 和 KNO_3 为氮钾肥源的多呈生理碱性；如果采用 $(NH_4)_2SO_4$、NH_4NO_3、$CO(NH_2)_2$ 和 K_2SO_4 为氮钾肥源的多呈生理酸性。最好选用比较平衡的配方，使 pH 值变化比较平衡，可以省去调整。

pH 值上升时，采用 H_2SO_4、H_3PO_4 或 HNO_3 去中和。当采用 H_2SO_4 时，其 SO_4^{2-} 虽属营养成分，但植物吸收较少，常会造成盐分的累积；NO_3^- 植物吸收较多，盐分累积的程度较轻，但要注意植物吸收过多的氮也会造成体内营养失调。应根据实际情况来考虑采用何种酸为好。中和的用酸量一般不用 pH 值的理论计算来确定。由于营养液中高价弱酸与强碱形成的盐类存在，如 K_2HPO_4 和 $Ca(NO_3)_2$ 等，其分解是分步进行并有缓冲作用。因此，必须用实际滴定的办法来确定用酸量。具体做法是，取出定量体积的营养液，用已知浓度的稀酸逐滴加入，达到要求值后计算出其用酸量，然后推算出整个栽培系统的总用酸量。应加入的酸要先用水稀释，以浓度为 1~2mol/L 为宜，然后慢慢注入贮液池中，边注入边搅拌。注意不要造成局部过浓而产生 $CaSO_4$ 沉淀。

pH 值下降时，采用 NaOH 或 KOH 中和。Na^+ 不是营养成分，会造成总盐浓度的升高。K^+ 是营养成分，盐分累积程度较轻，但其价格较贵，且吸收过多会引起营养失调。应灵活选用这两种碱。具体实施过程中可仿照以酸中和碱性的做法。这里要注意的是局部过碱会造成 $Mg(OH)_2$ 和 $Ca(OH)_2$ 等沉淀。

二、EC 值调节与控制

通常配制营养液用的水溶性无机盐是强电解质，其水溶液具有很强的导电性。电导率即 EC 值表示溶液导电能力的强弱，在一定范围内，溶液的含盐量与电导率呈正相关，含盐量愈高，电导率愈大，渗透压也愈大。

营养液浓度直接影响到作物的产量和品质。由于作物种类和种植方式的不同，作物吸收特性也不完全一样。因此，其浓度也应随之调整。一般来讲，作物生长初期对浓度的要求较低，随着作物的不断发育对浓度的要求也逐渐变高。同时，气温对浓度的影响也较大，在高温干燥时期要进行低浓度控制，而在低温高湿时期浓度控制则要略高些。此外，在固体基质栽培条件下，要实行较高浓度控制。

EC 值与营养液成分浓度之间几乎呈直线关系，即营养液成分浓度越高，EC 值就随之增高。因此，用测定营养液的电导率即 EC 值来表示其总盐分浓度的高低是相当可靠的。虽然说 EC 值只反映总盐分的浓度而并不能反映混合盐分中各种盐类的单独浓度，但这已经满足营养液栽培中控制营养液的需要了。不过，在实际运行中，还是要充分考虑到当作物生长时间或营养液使用时间较长时，由于根系分泌物、溶液中分解物以及硬水条件下钙、镁、硫等元素的累积，也可以提高营养液的电导率，但此时的 EC 值已不能准确反映营养液中的有效盐分含量。为了解决这个问题，高精度控制通常是在每隔半个月或 1 个月左右需要对营养液精确测定一次，主要测定大量元素的含量。根据测定结果决定是否调整营养液成分直至全部更换。

三、液温调节与控制

根际温度与气温对作物生长的影响具有一定的互动性，水培管理中可以通过对营养液液温的调控来促进作物的生长。无论是 DFT 还是 NFT 栽培模式，稳定的液温都是十分重要的。它可在一定程度上减轻气温过低或过高对植物生长的影响。一般说来，适宜的液体温度为 18~22℃，如果高温超过 30℃或低温在 13℃以下时，作物对养分和水分的吸收就会与正常值发生很大变化，进而对作物的生长、产量和品质都会造成严重影响。因此，需要综合考虑作物的种类、栽培时期、室内温度和日照量等因素来确定并调整适宜的营养液温度。

在具体调控过程中，液温的调控还必须根据季节和营养液深度的不同采取不同的方法。NFT 设施的材料保温性较差，种植槽中的营养液总量较少，营养液浓度及温度的稳定性差，变化较快。尤其是在冬季种植槽的入口处与出口处液温易出现较为明显差异。在一个标准长度的栽培床内的液温差有时高达 4~5℃，这样即使在入口处经过加温后，营养液温度达到了适宜作物生长的要求，但是，当营养液流到种植槽的出口处时，液温也会有所降低，而且液温的降低与供液量呈负相关关系，即供液量小的液温降低幅度较大。相比之下，DFT 方式在这方面的反应则不那么明显。人工光利用型植物工厂是在全天候环境控制的密闭空间内进行的，液温控制效果好，而太阳光利用型植物工厂就必须因地制宜地采取相应的液温调控措施。

液温的调控技术主要有加温和降温两个方面。

1. 加温技术手段

（1）管道加温。采用热水锅炉，将热水通过贮液池中的不锈钢螺纹管加温，也可以用电热管加温。前者适用于大规模生产，后者适用于生产试验等，有条件的还可以利用地热资源。

（2）稳定液温。包括适当增加供液量，采用保温性能好的材料做种植槽，将贮液罐（池）建在保温好的环境下等。

（3）铺电热线。主要是在冬季持续低温时，将电热线铺于栽培床的塑料薄膜之下来提高液温，或将电热线缠绕在一个木制或塑料框架上，放到营养液池中加温并用控温仪控制。

2. 降温技术手段

（1）降低室温。通过通风、降温和空调等方式，降低室温。

（2）地下建贮液池。有条件的地方多是先将贮液池（罐）建于地下，以减少地上部空气温度的影响。

（3）冷水降温。采用方法很多，可以利用深井水或冷泉水，通过埋于种植槽中的螺纹管进行循环降温。也可以利用制冷机组产生的冷气强制降温。

四、供液调节与控制

尽管供液方式与调控方式随营养液栽培模式的不同而各有差异，但都必须以满足作物对水分、养分和溶解氧的需求为前提。各种栽培模式都必须与其相应的供液调控系统相匹配，促进根部生长，提高地上部的生产效率。这里仅就 DFT 和 NFT 两种水耕栽培模式的供液调控方法做简要介绍。

1. DFT 水耕栽培供液管理

DFT 是一种对溶解氧依赖型的栽培模式。需要对营养液不断地增加氧的含量，通过在栽培床里和营养液罐里装有空气混入器，或者是在供液口安装有空气混入装置，使营养液中的溶解氧处于饱和状态。在通常情况下，采取间歇性供液，即水泵开启 10~20min，然后停止 30~50min，也可以采取连续供液方式，以最大程度满足作物根圈对氧的需求。

在这个栽培模式中，根圈的温度与营养液温度几乎一致。因此，要根据根圈温度管理的需要来确定供液时间和停止时间。

2. NFT 水耕栽培供液管理

这种方式通常是在宽 30~60cm，长 20m 的栽培床上进行，营养液流量为 4~6L/min，在根量较少、根垫未形成之前，采取连续供液，待根部发育起来之后再间歇供液。间歇供液采取 10~20min 供液，30~50min 停止。但如果间歇时间过短，供液时间过长，补氧作用就差；反之间歇时间过长，供液时间过短则流入的营养液就少，影响植株对水肥的吸收。总之，要根据栽培床的坡度和温湿度进行调控，以避免作物缺水凋萎。

供液调节与控制中还有一个重要的环节就是营养液流动。在使用 NFT 和 DFT 水耕栽培方式时，营养液必须处于流动状态才能促进植物生长。通过流动，不仅可以溶解营养液表层的氧，而且还可以使根圈溶存氧、肥料成分的浓度比例均衡，促进其吸收；流动还有利于养分吸收，尤其是在养分浓度低的时候效果更为显著。流动速度的试验表明，生菜栽培的流速以 1.5~3cm/s 为宜，其他作物的流速会有所差异，但变化不大。

第二节 营养液循环与控制技术

一、必要性分析

长期以来，植物工厂一直沿用开放式营养液栽培系统，即营养液在使用一段时间后形成的废液不经任何处理，直接排放到周边的土壤或水体环境，造成对周边环境的污染。近年来，随着环保意识的增强，以及营养液在线检测技术的快速发展，国际上正逐渐使用封闭式营养液栽培系统取代开放式营养液栽培系统。封闭式营养液栽培系统是指通过一定的工程技术手段将灌溉排出的渗出液进行收集，再经过过滤、消毒、检测和调配后反复利用的营养液栽培方式。通过营养液的循环利用，避免了因废弃营养液排放造成的环境污染，具有环境友好，水分和养分利用率高等优点，目前正被世界各国广泛采用。因此，对于人工光植物工厂来说，采用封闭式无土栽培及其循环控制技术显得更为重要，不仅可以大大节约系统的水和养分资源，而且还可避免营养液向外界直接排放和污染环境。封闭式营养液栽培系统主要由栽培装置、营养液回收与消毒系统、营养液成分检测与调配系统等部分构成。

封闭式营养液栽培系统具有环保、易调节与控制等优势，但同时也对营养液消毒、检测与调配等系统提出了更高的要求。在连续栽培条件下，营养液中营养元素浓度及营养元素间比例因植物选择性吸收而逐渐偏离配方值，并随栽培时间的延长而加剧，造成部分元素的大量赢余或亏缺。不仅如此，这种栽培模式下的病害及其传播问题也日益引起人们的关注，尤其是水耕栽培更为突出。封闭循环栽培过程中出现的一些游动孢子（Zoospore-producing）、微生物腐霉属（*Pythium*）和疫病属（*Phytophthora* spp.）等病原微生物特别适应于水体环境，并可能因营养液的不断循环而加速传播。另外，无土栽培中由于根系分泌和有机栽培基质的分解产生植物毒性物质（Phytotoxic substances），营养液中的总有机碳含量（TOC）提高，也助长了病害的发生。因此，营养液在循环使用中必须进行彻底的灭菌消毒，否则一旦栽培系统中有一株感染根传病害，病原菌将会在整个栽培系统内传播，从而造成毁灭性的损失。

更为重要的是，在多茬栽培后营养液中将大量累积植物的毒性物质并抑制栽培作物的生长。植物的毒性物质主要以酚类和脂肪酸类化合物为主，如苯甲酸、对羟基苯甲酸、肉桂酸、阿魏酸、水杨酸、没食子酸、单宁酸、乙酸、软脂酸和硬脂酸等。现已证实，大多数叶菜（生菜等）和果菜（豌豆、黄瓜及草莓等）均可分泌释放自毒物质，造成蔬菜产量下降。Lee 等发现，生菜栽培二次利用的营养液中会累积大量的有机酸，对其生长产生危害。因此，在封闭式营养液栽培系统中，营养液自毒物质和微生物的去除是极为必要的，可有效避免自毒和化感作用以及病害的发生，提升封闭式营养液栽培系统的可持续生产能力。

目前，植物工厂封闭式栽培系统营养液循环与控制着重需要解决以下3个关键问题。

第一，营养液中营养元素的调配技术与装备。

第二，营养液中微生物的去除。

第三，营养液中的有机物质，特别是植物毒性物质的去除。

二、养分及理化性状调控

对封闭式无土栽培系统而言，在营养液植物吸收利用后其养分组成会发生明显变化，系统中营养元素的数量及比例已不再适宜于所栽培植物的需求，必须进行养分的补充和调配。一般是通过检测EC值和pH值等相关参数，按照第四章营养液管理技术第一节营养液调节与控制中介绍的方法，根据植物的需要进行调控。近年来，随着营养元素专用传感器技术的发展，在线检测技术取得了快速进展，部分营养元素已经可以实现在线检测与实时调配，预计在不久的将来，植物工厂有望实现对各种单一营养元素的在线检测与智能化调配。

三、微生物去除技术

营养液微生物的去除技术是封闭式无土栽培系统的核心。目前，国内外营养液微生物去除方法主要有高温加热、紫外线照射、臭氧和慢砂滤等消毒方法，但多数是物理方法，如紫外线照射、高温和臭氧处理等不仅杀死了有害微生物，也杀死了有益微生物，因此，应针对不同需要加以选用。

1. 臭氧杀菌法

臭氧是一种非常强的氧化剂，几乎可以与所有活体组织发生氧化反应。如果有足够的曝气时间和浓度，臭氧可以杀灭水中的所有有机体。因此，国内外在利用臭氧对营养液消毒方面，进行了很多研究，但臭氧消毒也存在速度慢、效果不稳定等缺点。

2. 紫外线杀菌

紫外线杀菌是通过紫外线对微生物进行照射，以破坏其机体内蛋白质和DNA的结构，使其立即死亡或丧失繁殖能力。紫外线消毒的使用剂量因杀灭对象的不同而不同。Runia提出，在营养液灭菌时，杀死细菌和真菌需要的剂量是100 MJ/cm^2，杀死病毒的剂量是250 MJ/cm^2。紫外线消毒的效果受营养液中透射因子的影响，隐藏在悬浮颗粒背后的病菌难以被杀死。

3. 高温消毒

加热消毒方法具有消毒彻底、栽培风险小等优点，但也存在设备及运行成本高等缺点。根据人们的研究表明，将营养液加热到85℃并滞留杀菌3 min，或加热到90℃滞留杀菌2min，可以实现对营养液的彻底消毒。

4. 联合消毒

单独采用臭氧或紫外线的方法对营养液进行灭菌，都存在一定的缺陷，因此，也有采用“臭氧 + 紫外线”来处理营养液，扬长避短，发挥各自优势，从而达到更好的灭菌效果。宋卫堂等（2011）为了充分利用紫外线、臭氧在营养液消毒上的优势，研制出了一种“紫外线 + 臭氧”组合式营养液消毒机，该设备由紫外线消毒器、4 个文丘里射流器、臭氧发生器、自吸泵、ABS 管路及自动控制设备等组成。工作时，灌溉后回收的营养液首先由自吸泵提高压力后以一定流速通过文丘里射流器的喉管，在此形成负压将臭氧发生器的臭氧吸出并与营养液充分混合，从而杀灭营养液中的病原微生物；随后，营养液再经过紫外线消毒器，在紫外线的照射下进一步杀灭病原微生物。通过对180d 番茄栽培试验的营养液进行UV、O_3 和 UV+O_3 3 种方法的灭菌性能测试表明：主要微生物（细菌、真菌和放线菌等）总的消毒效果3 种方法分别达到了70.6%、15.9% 和 89.9%。可以看出，“紫外线 + 臭氧”组合式消毒，达到了比单一灭菌方法更好的灭菌效果，可以较大幅度地提高消毒效率。

四、自毒物质去除技术

营养液长期循环使用，根系分泌及根系残留物分解释放的自毒物质累积于营养液中，对植物的生长会产生抑制作用，造成植物减产和品质下降。因此，为了使植物工厂封闭式无土栽培系统中植株健康生长，保证作物的高产优质，营养液中自毒物质的去除显得尤为重要。目前，营养液自毒物质的去除主要有更换营养液法、活性炭吸附法和光催化法 3 种方法。

1. 更换营养液法

更换营养液法是指在营养液利用一段时间后，通过更新营养液的方法去除原来营养液中的自毒物质。很明显，此方法不适合封闭式无土栽培方式。

2. 活性炭吸附法

活性炭吸附法是一种去除营养液中自毒物质的有效方法。Yu 和 Lee 等发现，首先，采用活性炭处理可有效去除营养液中累积的根分泌有机酸，但 2g/L 的活性炭起效剂量成本较高，很难在实际生产中应用；其次，活性炭在吸附有机物质的同时也会吸附一部分养分（尤其是磷），造成营养液中养分比例失衡，加剧了营养液智能控制的难度。活性炭可有效去除营养液中的自毒物质，减缓由于自毒物质累积对植物生长产生的抑制作用，但这种去除的效果是有限的，因为活性炭并不能吸附所有的自毒物质，当这些不被吸附的自毒物质在营养液中累积过高时，活性炭的减缓作用也相应减小。

3.光催化法

（1）光催化法原理。光催化法是一种新兴的水净化方法。光催化原理是当纳米二氧化钛被大于或等于其带隙（380nm左右）的光照射时，二氧化钛价带的电子可被激发到导带，生成电子、空穴对并向二氧化钛粒子表面迁移，在二氧化钛水体中，就会在二氧化钛表面发生一系列反应，最终产生具有很强氧化特性的·OH和O_2·可以将有机物氧化分解为二氧化碳、水和其他无机小分子。该方法是利用纳米TiO_2吸收小于其带隙（Band gap）波长的紫外光所产生的强氧化效应，将吸附到其表面的有机物分解成二氧化碳，达到去除植物毒性物质的方法。光催化方法是去除循环营养液中有机物质的好方法，具有高效、无毒和无污染特点，可长期重复使用，不影响蔬菜产量和品质，能将有机物彻底氧化分解为二氧化碳和水以及广谱的杀菌性等优点。在植物工厂中，光催化可有效去除有机物和微生物，甚至可取代消毒装置，节省消毒成本。

（2）光催化法应用。二氧化钛的光催化特性已被广泛应用到空气、水等环境介质的污染处理中，而在营养液的自毒物质去除应用方面目前才刚刚开始。Miyama等研发了一套自然光光催化系统，用于降解设施番茄无土栽培基质（稻壳）所产生的植物毒性物质，取得了显著的去除效果。Sunada等用同样的方法试验研究了水培芦笋自毒物质的降低效果。结果表明，在黑暗条件下，TOC浓度降低到一定之后，不再变化，这是由于水培芦笋营养液中的毒性物质吸附在二氧化钛表面引起的，当开启紫外灯后，TOC浓度继续降低，光催化4d后，TOC浓度降低了90%，说明二氧化钛光催化可有效去除水培芦笋营养液中的毒性物质。在实际栽培试验中，营养液经过光催化处理系统中芦笋的产量是营养液未经光催化处理系统中芦笋产量的1.6倍。另一试验表明，无土栽培番茄营养液经二氧化钛光催化处理后，连续栽培6茬，营养液TOC始终维持在较低水平（5~20mg/L），而营养液未经处理的番茄无土栽培系统的营养液TOC明显偏高（100~200mg/L）。这些研究表明，光催化方法在去除自毒物质方面是可行的，具有成本低、节能环保、效果持久、可控性强和便于应用和维护等优点，在去除自毒物质的同时还兼具杀菌功能，应用前景极为广阔。

在国内，光催化用于设施无土栽培或植物工厂的研究刚刚起步。2011 年，中国农业科学院农业环境与可持续发展研究所推出了 2 种用于设施无土栽培或植物工厂应用的人工光光催化系统。一种为柱状二氧化钛光催化装置，如图 4-1 所示，该系统采用镍或不锈钢网固载二氧化钛，内部装有一支 254nm 紫外灯管；另一种为二氧化钛光催化箱，采用瓷砖固载二氧化钛，光源采用 254nm 紫外灯，如图 4-2 所示。

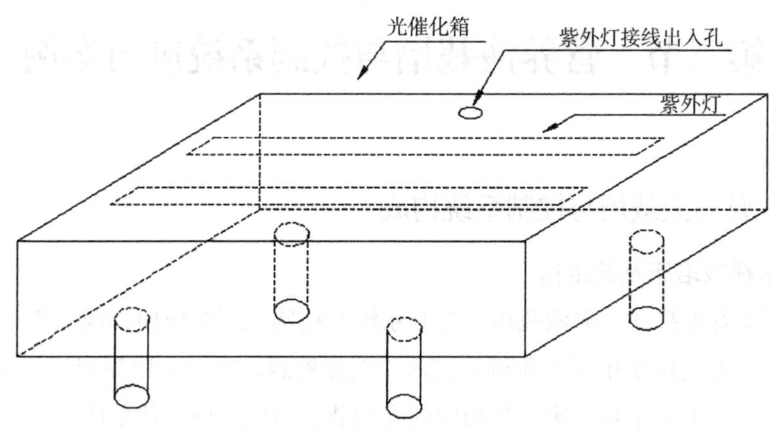

图 4-1 光催化装置

图 4-2 紫外灯光催化管

初步试验表明，采用 10nm 二氧化钛和 254nm 紫外灯组合光催化系统，可显著降低水培生菜营养液中累积的根分泌物，如表 4-2 所示。由表 4-2 可知，随着光催化时间的延长，根分泌物逐渐被降解，说明二氧化钛光催化对水培生菜营养液处理有显著的效果。

表 4-2　不同固载量二氧化钛光催化降解水培生菜营养液根分泌物效果（mg/L）

二氧化钛固载量	2h	4h	6h
G0	10.18a	8.54a	9.15a
G1	7.92b	6.77b	6.03b
G2	6.98b	5.92bc	5.34b
G3	6.78b	5.42c	5.75b

G0 代表瓷砖表面未固载 TiO_2，G1 代表瓷砖表面的二氧化钛的固载量为 11g/m^2，G2 代表瓷砖表面的二氧化钛的固载量为 22g/m^2，G3 代表瓷砖表面的二氧化钛的固载量为 33g/m^2

注：同列数据后不同字母表示差异达 5% 显著水平

第三节　营养液栽培与控制系统应用案例

一、营养液栽培与控制系统构成

1. 水耕栽培床及其结构

为了更好地描述营养液栽培与控制系统在植物工厂的应用，现介绍一套实用的案例。本案例位于中国农业科学院内，营养液栽培模式选用深液流（DFT）方式，全套系统由 4 个栽培床及其相应的配套装置组成。DFT 栽培床骨架采用热镀锌方管焊制，每个栽培床长 400cm、宽 40cm 和高 100cm，栽培床呈水平放置。每个栽培床上并排设置 2 个栽培槽，每槽设计有独立的供液和回液系统。栽培槽采用聚苯材料，经模具热压成型，分为槽底和槽盖两部分，外型尺寸如图 4-3 所示。栽培槽设计的主要特征为以下几方面。

图 4-3　DFT 营养液栽培生菜

（1）两种栽培床底槽的高度和深度一致，既适用于深液流栽培也适用于浅液流栽培。

（2）栽培槽采用分体设计，其长度可任意拼接，结构稳定，不易变形，更适用于不同环境和不同场地的设置。

（3）专用槽堵增强了栽培床的密封性和整体性。

（4）盖板具有多个“隐形定植孔”，可根据不同作物的栽培需要选择打开孔数和位置。

（5）每个定植孔周围均凸起高于板面，有效地避免盖板上的积水、尘土、昆虫等杂物进入槽内对营养液造成污染。

（6）底槽和盖板连接均设计为搭接咬合及镶嵌结构，接口平整，封闭严密，稳定牢固。

（7）聚苯板厚 20mm，阻断了与外界的空气交换，保证了槽内营养液温度。

2. 封闭式营养液循环系统

营养液供给采用封闭式循环系统结构，如图 4-4 所示，由供液管路、进液口、栽培床、回液口、回液管路和营养液池等部分组成，可实时进行营养液的供给和自动调配。营养液池是营养液供给、回收和调配的核心，通过 4 个与之相连、分别装有大量元素、微量元素、酸液和碱液等母液的调配罐，随时进行营养液的 EC 值与 pH 值的调整。

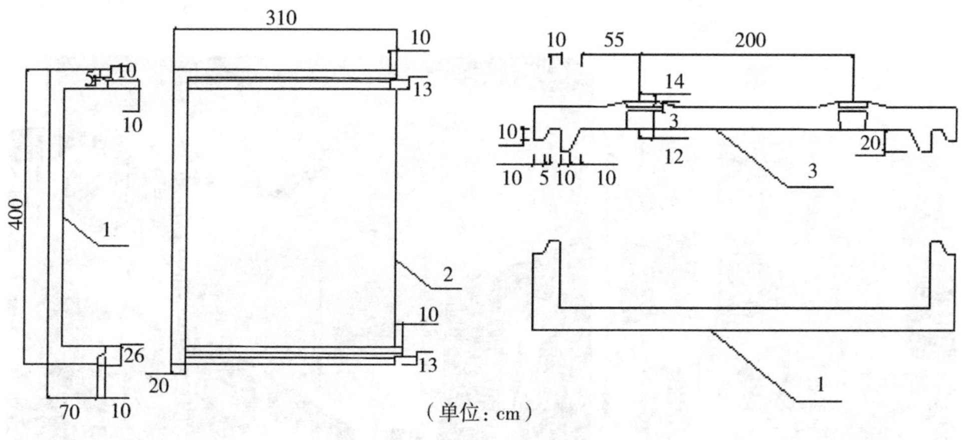

图 4-4　PFT 栽培槽示意

3. 液温调控和增氧设施

营养液的温度与溶氧调控是保证作物根系正常生长和养分吸收的关键，营养液的加温采用电加热器直接对营养液池进行加温，降温采用冷却水蒸发器来实现，如图 4-5 所示。通过增温和降温处理，可实现对营养液的温度调节与控制。同时，为了满足栽培系统溶氧量的需要，系统安装有增氧和曝气装置，在需要时为营养液池增氧，以保证作物的根际溶氧量。

图 4-5 营养液供、回液循环系统

4. 营养液自动检测与控制系统

营养液自动检测与控制系统采用在线检测与程序控制，主要检测的控制因子包括：EC 值、pH 值、DO 值和液温，并通过自动配液、程序定时供液的方式，为水培床提供精确配制的营养液，以满足水培植物高效生产对营养液的需求。以下为营养液自动检测与控制系统及控制模式图，如图 4-6、图 4-7 和图 4-8 所示。

图 4-6 冷却水蒸发器

图 4-7 自动检测控制系统

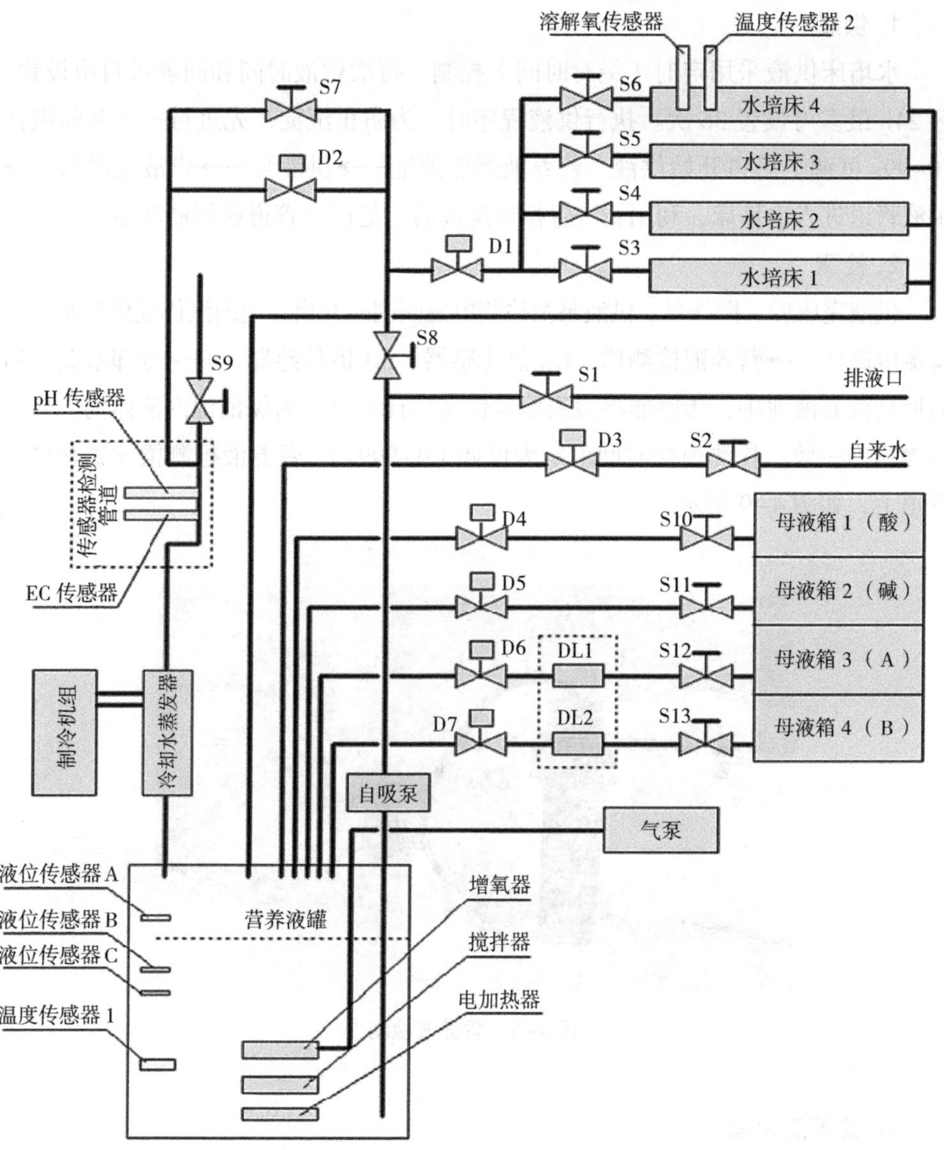

图 4–8　营养液自动检测与控制模式

二、营养液自动监控系统及功能

营养液自动监控系统由中控计算机、通讯模块、系统控制箱和 DFT 模式控制单元等部分组成。设有供液、搅拌、检测、配液、液位控制、溶氧检测与增氧、移动式液温检测、营养液加温和降温等功能，以满足植物全生育期对营养液的需求。

1. 供液

水培床供液采用定时（绝对时间）控制，每次供液时间和间隔可自由设置，每 24h 最多可设置 36 次。执行供液程序时，为防止沉淀，先进行一定时间搅拌（0~99s 可调）后再开始供液。营养液经储液池⟶供液泵⟶供液电磁阀⟶供液管道进入水培床，利用新液置换出陈液后，经回液管道送回储液池。

2. 检测

供液完成后，搅拌泵、供液泵及检测电磁阀同时开启，池内液体经供液泵⟶检测电磁阀⟶营养液检测槽（EC 值传感器、pH 值传感器）⟶冷却水蒸发器后回到营养液池中，传感器将检测信号传递到计算机。为保证池内液体均匀并与检测槽内一致，检测搅拌时间设定为可调（0~999s）。营养液检测槽设置在供液管道上，如图 4-9 所示。

图 4-9 营养液检测

3. 营养液调配

检测传感器将检测信号传递到计算机，通过与设定标准比较，低于或高于设定值时，将进行营养液调配。系统设计有 4 个母液罐，分别为 A 液、B 液、酸液和碱液。A 液和 B 液为含有不同离子的母液，用于调整营养液中的 EC 值、酸、碱液则用于调控营养液中 pH 值。母液罐及配液装置，如图 4-10 所示。

营养液调配采用 PWM（Pulse width modulation——脉冲宽度调制技术）控制方式，由计算机控制执行机构操作完成。

当 EC 值低于设定下限时，A 液和 B 液经双腔计量泵联动同时等量施加；当

图 4-10　母液罐

EC 值高于设定上限时，补水电磁阀打开，补入清水。酸碱液则按 pH 值设定要求，分别通过酸碱液电磁阀控制，采用液面高度差自流。双腔计量泵及配液电磁阀等装置，如图 4-11 所示。

图 4-11　营养液调配计量泵

4. 液温控制

营养液温度控制主要由温度传感器、加热棒、制冷机及冷却水蒸发器来实现。采用 2 支 PT 1 000 温度传感器，温度传感器 1 固定在营养液池中，负责监控池内营养液温度。调温系统在线控制，独立运行（供液时段不降温），使池内营养液温度保持恒定；温度传感器 2 为可移动式，负责检测各水培床内液体温度。

5. 增氧控制

为了保持栽培系统营养液温度，防止灰尘和病原菌污染，营养液池、水培床及供液和回液管道均设计为相对封闭的系统，但也相应减少了营养液与大气之间的交换，造成溶氧量偏低。为此，系统中设置了增氧装置。供液前，增氧装置启

图 4-12　营养液 DO 传感器

动，对液池中营养液充氧。增氧装置工作时间与栽培床上液体溶氧值有关，具体检测由 DO 传感器来实现，如图 4-12 所示。

6. 液位控制

营养液池设三级液位传感器控制。当营养液低于中位传感器时，补水电磁阀打开，向营养液池中注入清水，到达高液位传感器时，补水电磁阀关闭，补水完成。当液位低于低位传感器时，各执行机构进入自动保护并报警。

7. 执行机构

系统执行机构包括系统控制箱、控制运行设备及电器配件等。系统控制箱如图 4-13 所示，上分别嵌有溶解氧检测仪、营养液 pH 值和 EC 值检测仪。系统控制箱内设有电源控制开关；输入输出控制模块；控制各设备运行用继电器、接触器等。控制模块采用 RS-485 与计算机连接，继电器输出模块执行计算机指令，控制相应设备实现水培床定时供液；营养液 pH 值、EC 值自动调配及温度和溶解氧浓度控制，并通过点亮控制箱表面上方指示灯显示系统当前运行模式。系统控制箱内设有控制主令开关，系统各功能实现除选择自动外，均可切换为手动或停止运行。

图 4-13　营养液系统控制箱

8. 安全保障

为了保证系统的安全可靠运行，有效避免因系统发生故障造成事故或对植物生长造成影响，系统内各主要部位均设有安全保护及系统报警提示，按功能划分为计算机报警和设备安全报警如图 4-14 所示。

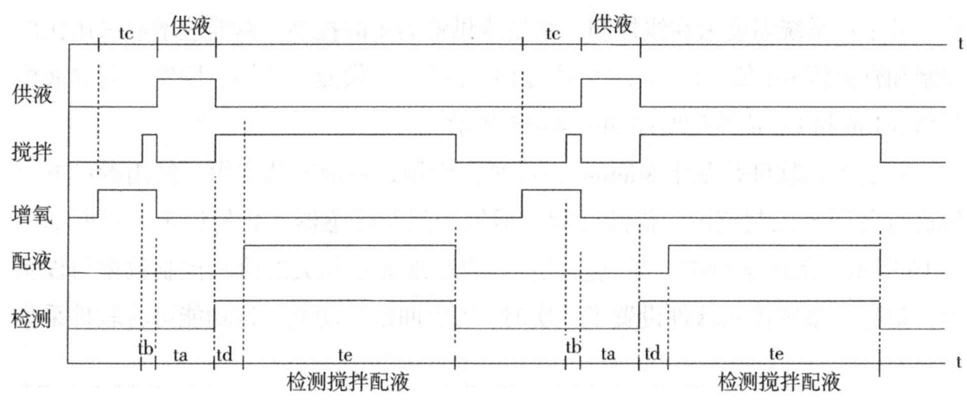

图 4-14 营养液控制时序

（1）计算机报警。造成计算机报警主要原因为营养液中某控制因子超标，即在线反馈数值突破原设定值，例如：温度上下限、pH 值上下限、EC 值上下限或 DO 下限等。当系统报警时，计算机控制界面上相应报警标识闪烁，提示操作人员注意，及时进行检查。

（2）设备安全报警。出现设备安全报警主要为设备故障或执行机构故障所致。当设备安全报警时，控制箱上方红色报警灯点亮并发出报警声音。为防止事故发生和避免设备损坏，安全报警同时，系统或相应设备将停止工作。设备安全报警分为 4 种类型。

① 低液位报警：系统运行中，当液位低于低位传感器时报警。此时除补水外，其他执行机构均停止运行。

② 制冷机组保护报警：当制冷机组故障或相应热继电器电流过大时报警。此时制冷机组不工作，处于保护状态。

③ 搅拌器保护报警：当搅拌器故障或相应热继电器电流过大时报警。此时搅拌器不工作，处于保护状态。

④ 电源断相保护报警：当电源断相时报警。同时切断控制电源，系统停止运行。

除上述各项保护外，控制箱内对系统各分支均设有相对独立的电源开关（空气开关），当运行电流过大或短路时，将迅速切断相应电源，以保护人身及设备安全。

三、控制时序及计算机界面

水耕栽培营养液计算机控制采用工业控制计算机与工业控制模块结合的方式。其中：系统温度为在线控制、水培床供液为定时控制、营养液增氧采用比例控制和营养液 pH 值、EC 值调配采用 PWM 控制。供液、搅拌、增氧、营养液检测和 pH 值和 EC 值调配时序如图 4–15 所示。

系统控制软件是基于 Microsoft.net 平台编制，界面简洁实用，使用者可方便地进行各因子控制范围、供液时间、增氧时间及传感器参数的设定，界面如图 4–16 所示。系统运行中，通过监控窗口直观地显示相关的检测控制数据与设备运行信息。系统控制软件设置了“实时 / 历史曲线”功能。该功能可将软件采集

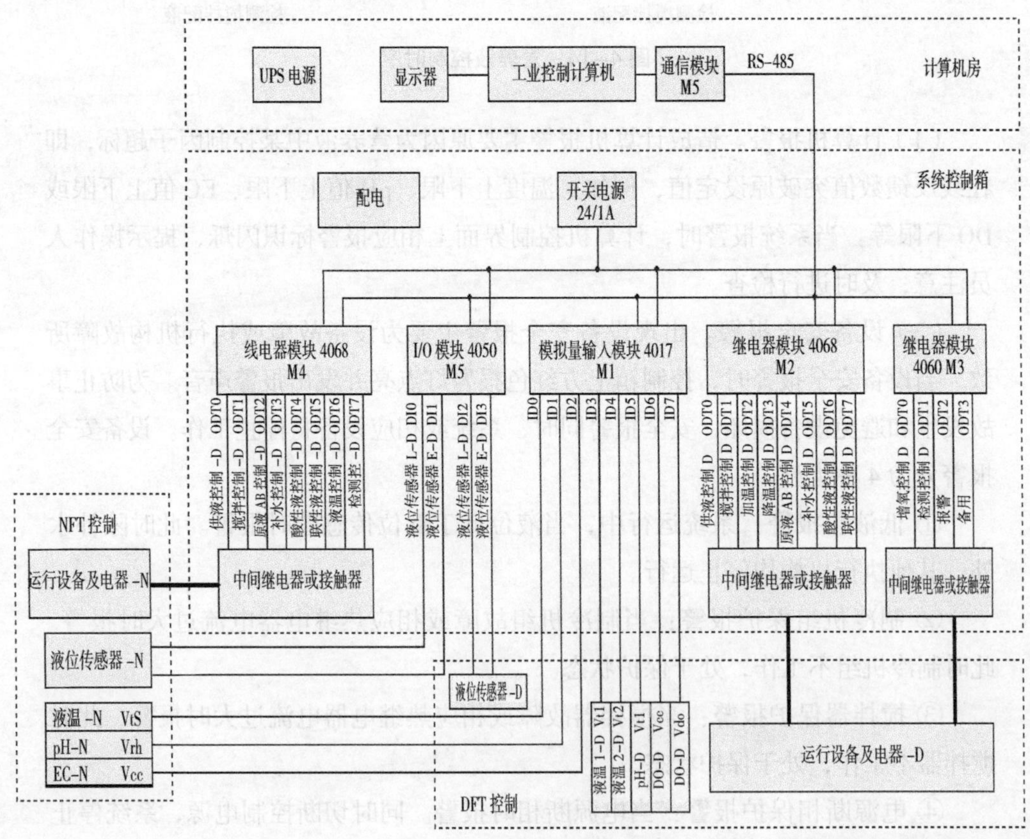

图 4–15　控制原理示意

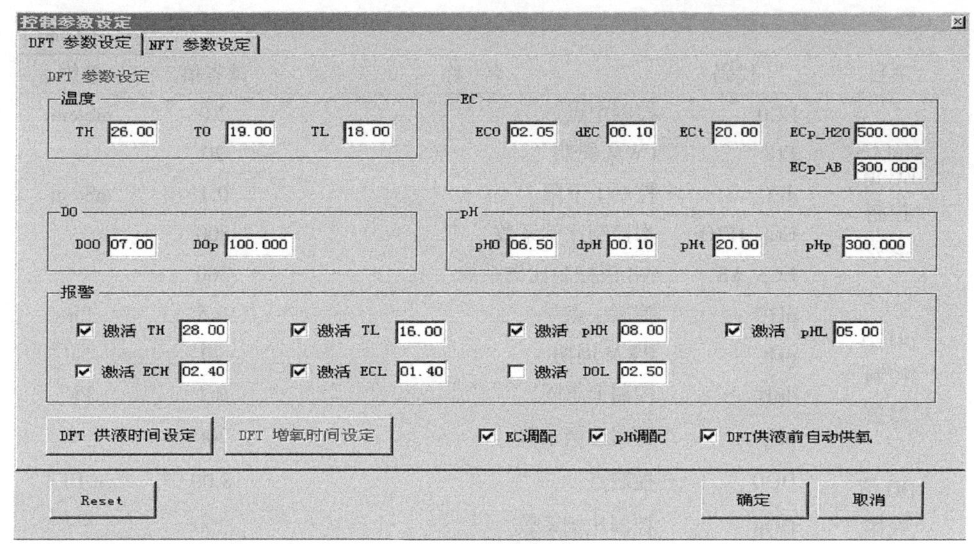

图 4-16　控制界面

的数据以曲线的形式呈现出来，以反映各检测控制因子随时间的变化趋势。该功能既可设定显示特定控制因子独立的数据曲线，又可选择放大某时间各控制段变化曲线，供使用者根据曲线变化及时调整控制参数，以营造更加适合植物生长的环境。数据采集使用 Microsoft SQL Server 数据库形式存储，存储数据包括温度（3 个）、DO 值（1 个）、EC 值（2 个）和 pH 值（2 个），数据采集每间隔 10s 记录 1 次。

四、控制参数及主要设备

控制系统各主要控制因子的控制参数设定代码、名称、缺省值及单位如表 4-3 所示，系统主要传感器及相关参数如表 4-4 所示，控制系统选用的主要电器及设备如表 4-5 所示。

表 4-3　营养液温度、EC 值、pH 值和 DO 值控制参数

项目	代码	名 称	缺省值	单位
温度控制参数	TH	温度控制上限	24.0	℃
	TO	温度控制中点	20.0	℃
	TL	温度控制下限	19.0	℃

（续表）

项目	代码	名 称	缺省值	单位
EC值控制参数	EC0	控制中点	2.0	mS/cm
	ECt	PWM周期	20	s
	dEC	控制上下限	0.1	mS/cm
	ECp_H2O	水控制比例系数	800	—
	ECp_AB	AB液控制比例系数	300	—
pH值控制参数	pH0	控制中点	6.5	Ph
	pHt	PWM周期	20	s
	dpH	控制上下限	0.1	Ph
	pHp	控制比例系数	200	—
DO值控制参数	DO0	控制点	8.00	$\times 10^{-6}$
	DOp	控制比例系数	200	—
	DOt	显示增氧器工作剩余时间		s

表4-4 系统主要传感器参数

序号	传感器名称	型号	测量范围	精度
1	温度变送器	PT1000	0~50℃	±0.5
2	pH值变送器	692/IP-600-9PT	0~14	±0.1
3	电导变送器	392/392-125	0~2.4mS/cm	±0.1
4	溶解氧控制器	6308DTF/OXYSENS 120	0~20mg/L	±0.1

表4-5 系统主要电器及设备

序号	名 称	规格型号	单位	数量
1	工业控制计算机	P4 2.8G	套	1
2	液晶显示器	AL1706 Ab	台	1
3	RS-485转换器	ATC-107A	只	1
4	模拟输入模块	ADAM-4017	只	1
5	继电器输出模块	ADAM-4068	只	2
6	继电器输出模块	ADAM-4060	只	1
7	I/O模块	ADAM-4050	只	1
8	UPS电源	AVR800	台	1

（续表）

序号	名 称	规格型号	单位	数量
9	液位传感器		套	2
10	不锈钢潜水泵	50QWP20-7	台	2
11	自吸供水泵	40WG-20	台	2
12	计量泵	2DS-2E	台	2
13	制冷机组	2P	台	1
14	冷却水蒸发器	3P	台	1
15	直流充气增氧机	HZ-120/12V	台	1
16	聚合物曝气器	Φ179	只	2
17	电加热器	1 000W/220V	只	4
18	电磁阀		只	14
19	控制箱		台	1
20	母液箱		只	8

五、营养液控制效果

营养液栽培与控制系统通过在植物工厂的实际应用和测试检验，取得了较好的试验效果，为进一步在生产上的应用奠定了基础。

1. EC 值控制

通过测试分析，当营养液 EC 值设定在 2.05mS/cm 时，在 5d 的检测期内，营养液控制系统可将营养液 EC 值控制在设定值 ±0.2mS/cm 范围内。

2. pH 值控制

通过测试研究，当营养液 pH 值设定在 6.5 时，在 11d 的检测期内，营养液控制系统可将营养液 pH 值控制在设定值 ±0.5 的范围内。

3. 液温控制

通过试验，当营养液温度值设定在 21℃时，在 2d 的检测期内，营养液控制系统可将营养液液温控制在设定值 ±1℃的范围内。

4. 溶解氧控制

通过试验，在 5d 的检测期内，营养液控制系统的溶解氧浓度可控制在 6×10^{-6} 以上，能完全满足水耕栽培对溶解氧的需求。

第五章 雾培技术研究与应用案列

第一节　雾培技术研究概述

一、雾培技术

植物雾培（气培，Aeroponics）是把植物的根系全部或部分直接裸露在空气中，定期向根系喷洒营养液（雾）。这样植物根系可以从营养液（雾）中摄取需要的水分和养分，从空气中直接获取充足的氧气。只要营养液配方正确，环境条件适宜，雾培法可获得高产和优质的产品。雾培法的各个环节较易精准控制，便于实现农业工厂化生产。另外，雾培的优点还体现在以下方面：雾培不用基质，且可采用各种轻质扳材组成栽培槽，节省投资；有利于高密度栽培和立体空间栽培；雾培作物产量高，产品质量好；营养液用量少，节水节肥。以番茄为例，用液量为 2~4L/m^2，而水培则多于 10L；根系脱离土壤和液层，减免病害发生；雾培系统可作为新的研究工具，十分有利于研究作物根系发育、营养物质吸收运输以及根际环境对植株生长发育的影响。

二、雾培技术研究概况

目前，在设施园艺产业发达的国家，用雾培生产蔬菜、花卉以及快繁育苗的技术已相继应用，国内只是在部分蔬菜育苗、生产及马铃薯栽培方面有所应用。国外学者 Leoni（1994）等报道，利用雾培快速、高密度生产番茄，每年可生产四茬，每茬每平方米可产番茄 5~8kg。Nichols（2000）指出，利用雾培方式连续生产番茄、黄瓜等温室蔬菜，通过调整不同时期的栽培密度，缩短育苗期和倒茬间歇期，每年提高产量的幅度可以达到25%左右。El-Shinawy（1996）等比较了不同栽培方式生产生菜的水分利用率，发现用雾培和NFT方式生产生菜比用岩棉栽培大大节约水分。Hayden（2004）等用雾培方式生产姜，有效避免了土传病害和线虫病。而且，利用没有任何栽培介质的优势，在姜根茎生长期内，他们连续拍摄了3个月不同时期的大量照片，并整合成视频文件，生动形象展示了姜根茎的生长发育过程。Arzani（1997）等利用雾培装置精确控制杏苗根际环境中的水分，为研究杏树水分胁迫问题提供了精准的不同水平的水分胁迫环境。Kazem（2000）用雾培方式对杏苗进行水分胁迫，初步研究了茎尖内源脱落酸及根部细胞分裂素对的水分胁迫的响应问题。Repetto（1994）用雾培方式立体栽培生菜，发现生菜根长从上到下逐渐缩短，产量也逐渐减少，根长与经济学产量紧密相关。Abou-Hadid（1994）用"A"型简易雾培装置生产菊苣，向阳面植株比阴面生长的植株吸收更多的钾、铜和锰，氮和锌的吸收相对减少，阳面植株的根长和鲜重都大于阴面。El-Behairy（2003）等比较了雾培系统中不同高度及阴阳两面栽培的草莓生长情况，在产量、果实中维生素C含量、叶片数及叶面积方面都有不同的差距。Pagliarulo（2004）用雾培技术生产荨麻，展示了雾培生产药用植物的巨大潜力，可以缩短生长周期，提高产量，改善栽培植物物的品质。尤其是对于根茎部用药的植物，雾培技术具有得天独厚的优势。Hayden（2004）用"A"型雾培装置生产牛蒡，根茎部产量大增，且根部药用物质绿原酸含量得以提高。Kreij（1999）用雾培装置研究各种螯合铁离子对菊花根腐病的抑制效果，以及植株吸收各种螯合铁离子的同时，对锌、钼元素吸收运输的影响。Burgess（1997）利用雾培装置对桉树苗根际氧气的含量进行精确控制，从而模拟出涝害环境，进行桉树感病等方面的研究。He（2004）利用雾培生菜根际气体环境易于控制的优势，加大生菜根系区域CO_2的含量，持续1周时间后，叶面积和根茎重都得到提高。在相对较高温度下提高根际CO_2的含量可以提高植株对CO_2的光合固定，并且能缩小叶片的气孔导度，从而减少蒸腾。据Srihajonga（2006）研究，在高温季节或热带地区用雾培方式生产时，利用"热管"降温装置可以有效地降低营养液温度，节省了电能和其他生产成本。

国内学者孙周平（2004）通过汽雾栽培方式对马铃薯根际连续35d的处理表明，合适的根际CO_2浓度（$CO_2$380 ~ 920 μl/L + O_2 21%）可能是汽雾栽培马铃薯植株生长旺盛的重要原因。另外，雾培技术在组培快繁，工厂化育苗方面具有较好的优势。冯学赞等对脱毒马铃薯组培苗无基质培养的可能性和最佳培养条件进行了研究。结果表明，在培养前对培养茎段进行预处理可以有效地提高培养效果。处理液 112 MS（大量、微量）+ 蔗糖 5 0 g/L+IAA 5mg/L 处理的茎段的培养效果与常规基质培养的无明显差异。冯学赞（2002）提出，培养出的分化苗进一步进行基质分化培养的效果与一直进行常规基质培养的茎段的效果相似。2 代培养生产成本可以降低 30 % 左右。

第二节 基于 LabVIEW 的温室番茄雾培控制系统设计

雾培的技术核心是适时向植物的根域提供良好的水肥环境，其中，自动化管理与控制显得尤为重要。当前，在中国由于缺乏科学有效的雾培智能化控制手段，雾培技术的推广受到较大限制，因此开发出适宜于中国国情的低成本雾培智能化控制系统，显得尤为迫切。

近年来，LabVIEW 的虚拟仪器软件开发环境，广泛应用于航空、航天、通信、汽车、半导体、生物医学等众多领域。利用 LabVIEW 友好的操作界面、开发周期短和产品升级维护方便等优势，进行温室综合环境控制系统的开发已经成为温室智能化管理的重要手段，本研究就是基于这一背景下进行的。

一、系统的整体设计方案

本系统的设计主要以节能和高效运行为宗旨，在设计雾培根域水肥环境控制系统的同时综合考虑与温室其他环境因子的协调互动，在 Windows 平台下，构建以 LabVIEW 为核心、以虚拟仪器与功能模块化设计方法的温室番茄雾培智能化控制系统。

1. 系统设计基本原理

系统由根域环境传感器、温室环境传感器、数据采集卡、控制计算机以及执行机构等组成，如图 5-1 所示。根域环境传感器由布置在雾培根域的温度传感器、二氧化碳传感器、湿度传感器与雾培营养液中的 EC 值和 pH 值传感器等组成；温室环境传感器由布置在温室中的光照传感器、温度传感器等组成。传感器将各环境参数转化为电信号，再连接到数据采集卡的 A/D 端，将模拟信号转换为数字信号，然后传送至计算机。计算机运行 LabVIEW 软件平台构建的监

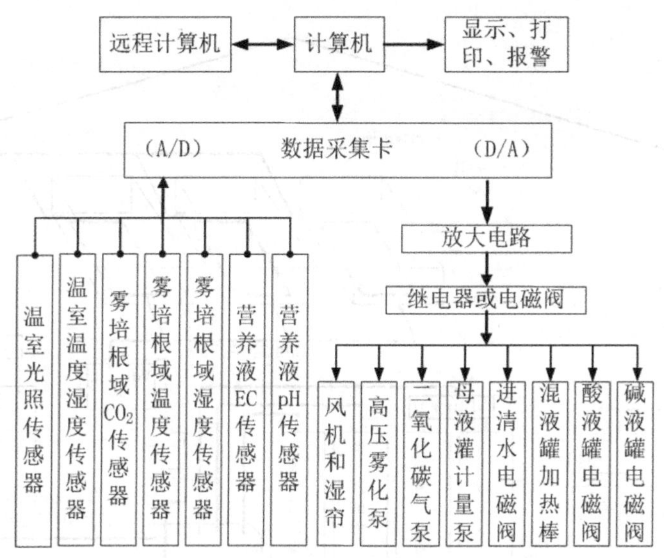

图 5–1　系统结构框

控系统，实现环境参数的实时显示与监控。同时，通过 MySQL 实现关联数据库存储、历史数据查询等功能。雾培根域水肥环境监控系统将根据温室环境因子以及植物根基需求形成适宜的控制策略和算法，并输出控制结果，再通过数据采集卡的 D/A 端，输出电信号，经过放大电路，直接控制继电器和电磁阀，实现对各执行机构的控制。此外，还可以通过 LabVIEW 的 Web 服务器，在网页上发布 LabVIEW 程序，实现控制软件的 B/S 架构，使本地或远程的客户端计算机能够实时浏览或控制 Web 服务器中的远程面板，实现对温室雾培环境的远程控制。

2. 系统硬件设计

温室中硬件系统包括：工控机、数据采集卡、温室环境传感器、根域环境传感器、雾化装置和管路系统等。远程计算机通过 Internet 与工控机连接，实现远程控制，如图 5–2 所示。

控制现场使用计算机为研华工控机 610L，运行 Windows XP 系统，并安装 LabVIEW2012。数据采集卡使用 NI 公司 USB6009 多功能数据采集卡，14 位分辨率，48 ks/s。

温室环境中传感器的选择符合温室控制系统设计规范温室光照传感器测量范围 10~100 000 lx；温度传感器测量范围 – 40~120℃，测量误差 ±0.5℃；湿度

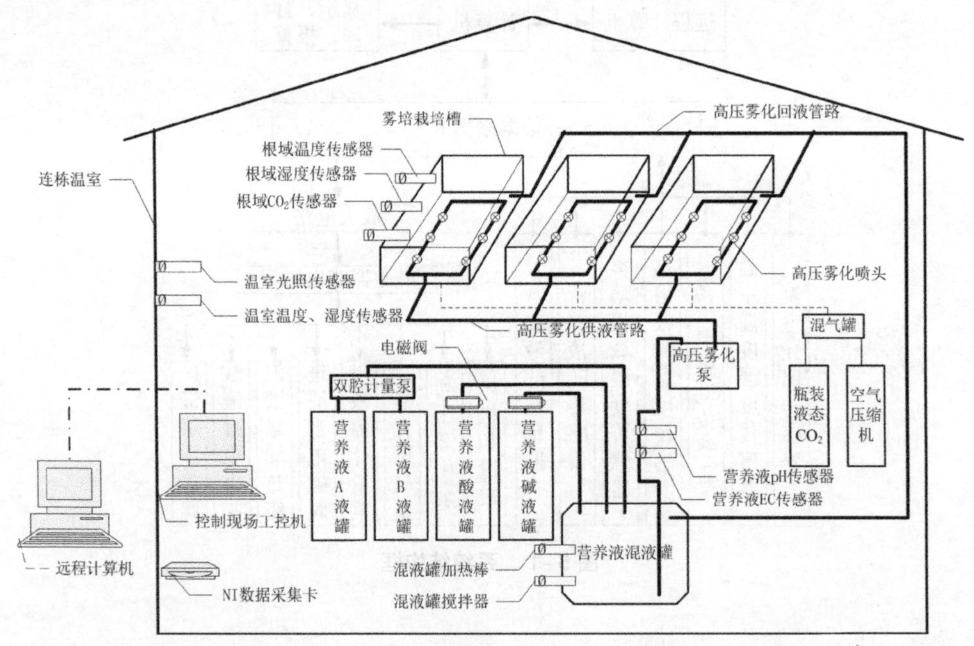

图 5-2　温室雾培自动控制系统示意

测量范围 0~100% RH，测量误差 ±3% RH。

雾培根域环境中，所有传感器要添加保护罩，避免雾滴颗粒直接接触传感器。根域 CO_2 传感器测量范围 10~2 500ml/L，测量精度 10ml/L；温度传感器选择铂电阻温度传感器 PT100，测量范围为 0~60℃，准确度为 0.5%；根域环境湿度高，易结露而导致的传感器失效，传感器选择 Hygromer ®IN -1，响应时间为 τ 63<12s。使用 HC2 探头具有极高的准确性，在 23℃，校准 3 个点，10%、35% 和 80%RH，精度为 ±0.8%RH，重复性为 0.3%RH。滤芯选择能用于盐雾（海洋环境）的特氟隆滤芯，它可以过滤粉尘颗粒，不吸湿不保水。

雾培营养液传感器安置于高压雾化泵进水管道，营养液的 EC 传感器测量范围 0.1~4mS/cm，测量精度 ±0.1mS/cm；pH 值传感器测量范围 0~14，测量精度 ±0.1。

3. 系统软件设计

以 LabVIEW 软件编程，设计了界面友好的监测系统软件。软件系统结构有 4 个模块组成，包括用户登录模块、数据实时采集模块、硬件状态监控模块和数据管理模块等，如图 5-3 所示。

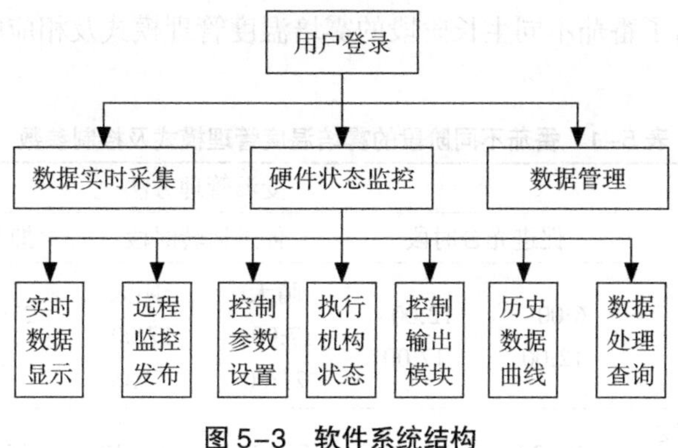

图 5-3　软件系统结构

雾培根域水肥环境控制系统的设计综合考虑了温室环境因子的变化，并按照番茄温室生产的不同阶段：幼苗期、开花期和结果期以及每日的不同时间段对环境的需求，进行了控制策略的设计。

二、雾培温度管理模式及控制参数

雾培温度控制包括温室温度控制和根域温度控制。温室温度控制参考番茄生理习性实行分段式变温管理；根域温度参考根系温度对光合、蒸腾、光合产物转运等因素综合考虑确定控制参数。

根系温度是对番茄生长有显著影响的重要的环境因子，根温对番茄叶片光合作用和水肥吸收有重要影响，并影响植物上部的干物质积累和根冠比。30℃根温时番茄光合速率最大，根温降低会使叶绿素含量及 a/b 比降低；根温升高会影响叶片水导、叶内 CO_2 分压并引起光合产物在叶片中的积累。因此促进光合阶段应保证根温在 28~32℃。30℃根温时番茄蒸腾速率最大，水分利用率最小，适当降低根温可以使蒸腾速率下降，提高水分利用率，因此促进转运阶段应使适当降低根温。30℃根温时番茄干物质积累和叶面积增长速率最大。30℃根温时根系总吸收面积增加最快，25℃根温时根系活性吸收面积增加最快。低根温时根的活性吸收面积百分比变大，根系所占比重变大，根系生长受根温影响相对较小，番茄通过功能补偿作用不良根温做出适应性反应。所以在抑制呼吸消耗阶段应降低根温。

表5-1给出了番茄不同生长阶段的雾培温度管理模式及相应的控制参数。

表5-1 番茄不同阶段的雾培温度管理模式及控制参数

发育期		变温管理方法					
		促进光合时段		促进运转时段		抑制呼吸消耗时段	
		6:00~12:00	12:00~17:00	晴天 17:00~21:00	阴天 17:00~21:00	21:00~2:00	2:00~6:00
幼苗期	温室温度（℃）	25~27	21~23	21~23	17~19	15~17	13~15
	根域温度（℃）	28~32	28~32	23~27	18~22	15~17	15~17
开花期	温室温度（℃）	26~28	22~24	22~24	18~20	16~18	14~16
	根域温度（℃）	28~32	28~32	23~27	18~22	15~17	15~17
结果期	温室温度（℃）	28~30	24~26	24~26	20~22	18~20	16~18
	根域温度（℃）	28~32	28~32	23~27	18~22	15~17	15~17

三、雾培间歇喷雾调控模式及控制参数

间歇喷雾调控技术是雾培的关键技术。科学合理的间歇控制可以充分满足植物生长发育的营养需求，并节约水肥和电能。通过综合考虑番茄不同时段的生理需求和此时段的各环境因子，确定作物对水肥的需求量，来确定合理的间歇喷雾时间。

白天，作物光合作用对水肥的需求主要受到温室温度与光照的影响，而光照也通过热效应影响温室温度。温度是影响作物蒸腾作用的主要环境因子，也决定了作物需水量。因此次阶段选择温度为雾培间歇喷雾调控的标准。如表5-2所示，设置不同的温度梯度，温度越高，植物对水肥的需求量就越大，则高压雾化泵增加喷雾时间，减少喷雾间隔时间。

夜间，作物不光合作用，蒸腾作用较弱，主要进行呼吸作用，作物对水肥的需求最低，只需满足维持其生命活动即可，不再考虑温度因素，此时使用统一的间隔时间。

表 5-2　雾培间歇喷雾调控模式及控制参数

间歇模式 时段	温度控制阶段 白天 （6:00~18:00）						时间控制阶段 夜晚 （18:00~次日 6:00）
温度梯度（℃）	0~15	15~20	20~25	25~30	30~35	35 以上	—
喷雾时间设定（min）	1	2	2	2	2	2	1
间隔时间设定（min）	5	5	4	3	2	2	5

四、雾培根域环境供气控制模式及控制参数

植物的根系有强大的吸收与固定转化二氧化碳的能力。雾培根域环境供气是提高产量品质和加快生长速度的重要的辅助技术。使用二氧化碳气泵直接向雾化栽培槽内供气，散逸出的二氧化碳增加温室中的二氧化碳浓度，可以进一步被番茄叶片吸收。据生产表明这种基于气雾培的二氧化碳及氧气供给技术的实施对于设施条件下气雾培的增产效应极为明显。这种供气手段可以提高利用率。

施用时期选择开花期和结果期，以避免茎叶过于繁茂，并在二氧化碳吸收量快速增长的时期开始施用。施用时间上，选择上午，当光照强度大于 8 000lx 开始施用，此时光合速率较大，番茄能更加高效的利用二氧化碳，超过 13:00 停止供二氧化碳。因为一般上午光合产物量占全天的 3/4，且光合产物分配上，上午施用的二氧化碳在果实和根中分配的比率较高，下午施用的在叶片内积累多，将促进枝叶过于繁茂，还可能造成叶片内淀粉积累而早衰。

根域环境的二氧化碳最佳浓度为 1 000~1 500ml/L，但施用二氧化碳浓度越高，成本也就越大，参考荷兰温室中二氧化碳施用浓度，选择较为经济的增施浓度为 450~500ml/L。利用雾培根域二氧化碳传感器对根域环境二氧化碳浓度进行精确控制。

五、雾培营养液 pH 值、EC 值控制模式及控制参数

营养液配制系统设 4 只母液罐，分别为 A 液罐、B 液罐、酸液罐和碱液罐。其中 A 罐和 B 罐为含有植物生长所必须的矿物离子化合物的母液，用于调整营养液中的 EC 值；酸、碱液则用于调整营养液中的 pH 值。营养液调配采用 PWM（Pulse Width Modulation——脉冲宽度调制技术）控制方式，由计算机带动执行机构完成。当营养液混液罐中的营养液 EC 值低于设定下限时，母液罐双腔计量泵

启动，将 A 液和 B 液同时等量注入储液池中。当 EC 值高于设定上限时，补水电磁阀打开，向储液池中补入清水。酸碱液则按 pH 值设定要求，分别通过酸碱液电磁阀控制，利用液位高度差的重力作用实现自流注入。

第三节　系统实现

一、系统登录

系统登录界面如图 5-4 所示，通过编辑用户认证子 VI，可进行新增用户、登录权限等管理。

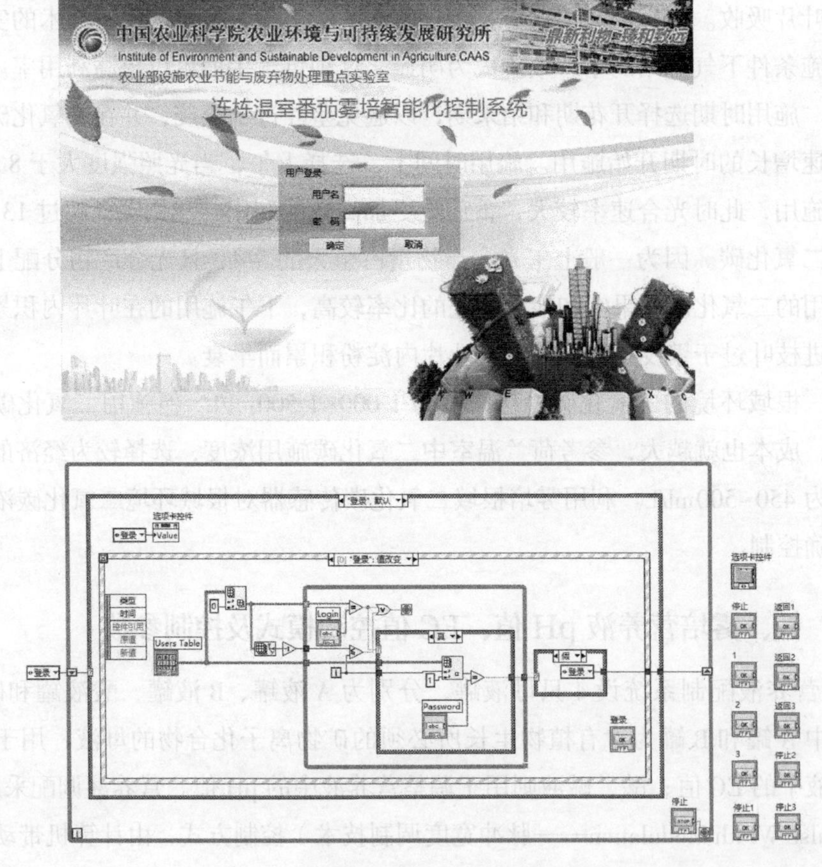

图 5-4　登录界面和用户认证子 VI

二、数据实时采集模块、硬件状态监控模块

包含控制参数设置、实时数据显示、执行机构状态等，显示界面如图 5-5 所示，可以实时显示温室环境各个参数的信息，并通过设定上下限，实现声光报警管理。机器状态显示与控制模块如图 5-6 所示，可以选择手动和自动运行，并可以实现各种现场设备的远程控制。

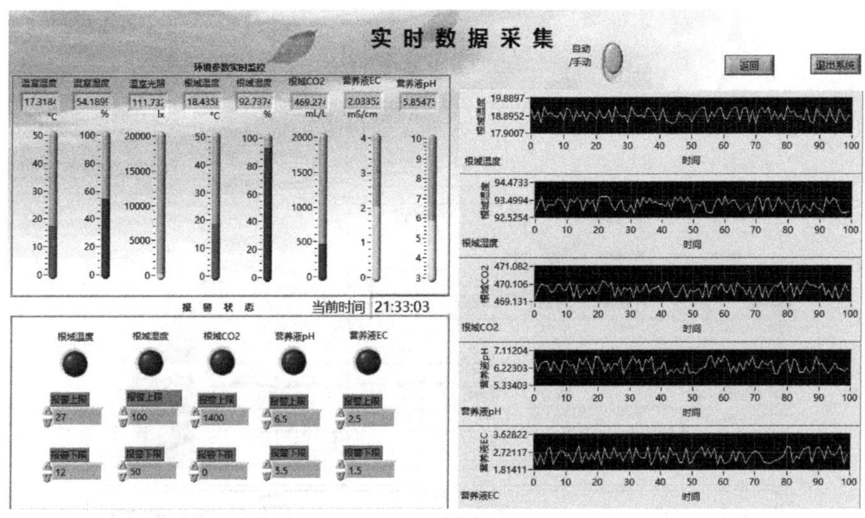

图 5-5　数据实时采集模块

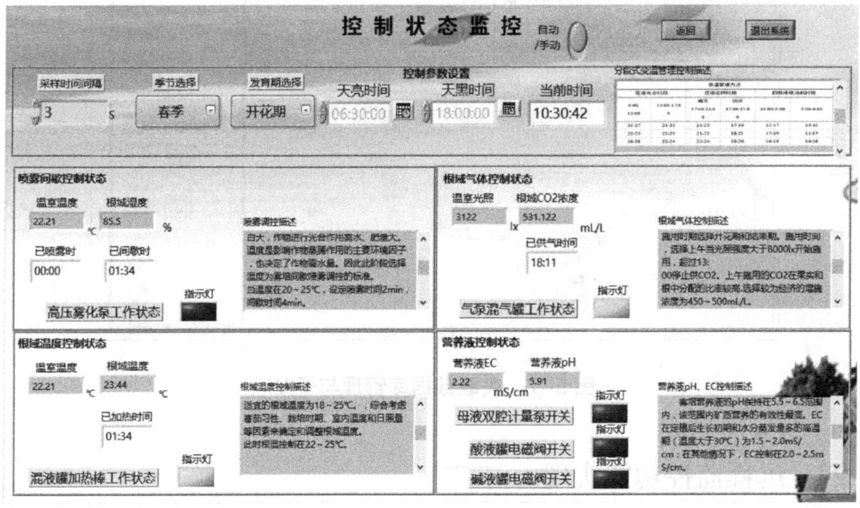

图 5-6　硬件状态监控模块

三、数据库管理

使用 LabVIEW 工具包和 MySQL 实现关联数据库管理，如图 5-7 所示。利用 LabVIEW 2012 用户免费开放的数据库访问工具包 LabSQL，通过 ADO 控件和免费软件 MySQL 语言实现数据库的访问。系统把监控的实时数据温度、湿度、光照度和二氧化碳浓度及各执行器的状态存入 MySQL 数据库，操作人员可在数据查询界面通过日期查询。

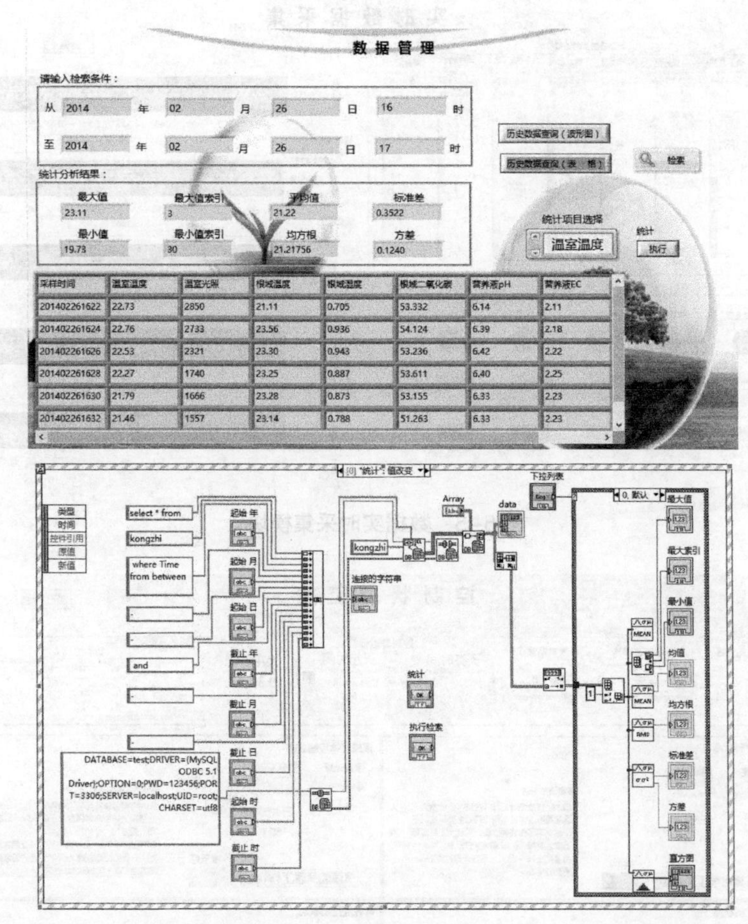

图 5-7　关联数据库管理与子 VI

四、远程监控功能实现

通过开启 LabVIEW 的 Web 服务器，在网页上发布 LabVIEW 程序，使本地或远程的客户端计算机可以实时浏览或控制 Web 服务器中的远程面板，实现生产环境的远程控制。使用 LabVIEW 的 Web 发布工具：Tools/Options，在弹出的对话框中完成与 Web 服务器有关的设置和 LabVIEW 程序的发布。

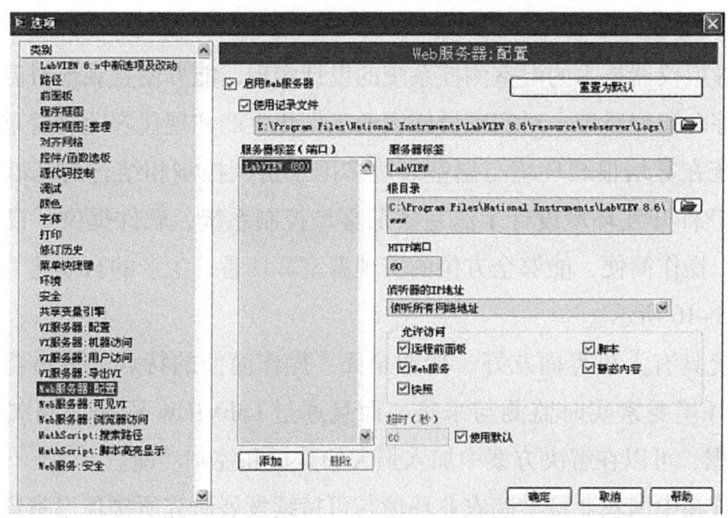

图 5-8　Web 服务器设置

分别设置 web 服务器，如图 5-8 所示。

图 5-9　浏览器请求控制

通过网页浏览器在网页中操作远程面板，如图 5-9 所示。当远程面板出现在浏览器上时，可右键单击鼠标，在弹出的菜单中，可以请求 vi 控制权。当多个客户端同时监控服务器端时，可以多个同时监视，但只能有一个客户端有控制权，其他的需等待释放后获得控制权。

第四节　结论与展望

基于虚拟仪器技术的温室测控系统的设计实现，能方便直观地对温室环境进行全自动综合智能监控，对实现设施农业工厂化生产和现代农业有着重要意义。

本系统在雾培根域环境与温室环境多因子协调控制相结合的基础上，利用LabVIEW软件开发环境设计了温室番茄雾培控制系统，软件提供了良好的人机交互界面，操作简便，能够全方位的实现温室雾培番茄生产的自动化管理和远程监控如图5-10所示。

本系统具有人机界面友好、功能全面、操作简便的特点。传感器基本上可以实现对环境要素实时监测与采集，而且通过LabVIEW程序访问关联数据库MySQL数据，可以在解决方案中加入强大的分析和控制功能。

本系统在中国农业科学院农业环境与可持续发展研究所楼顶温室进行安装调试和使用，实际运行表明系统能较好地运行。下一步，控制系统软件应集成实时数据资料和专家管理经验与作物生长发育过程紧密结合，进一步完善知识库和数据库，以建立知识和作物模型支持的雾培生产控制系统。

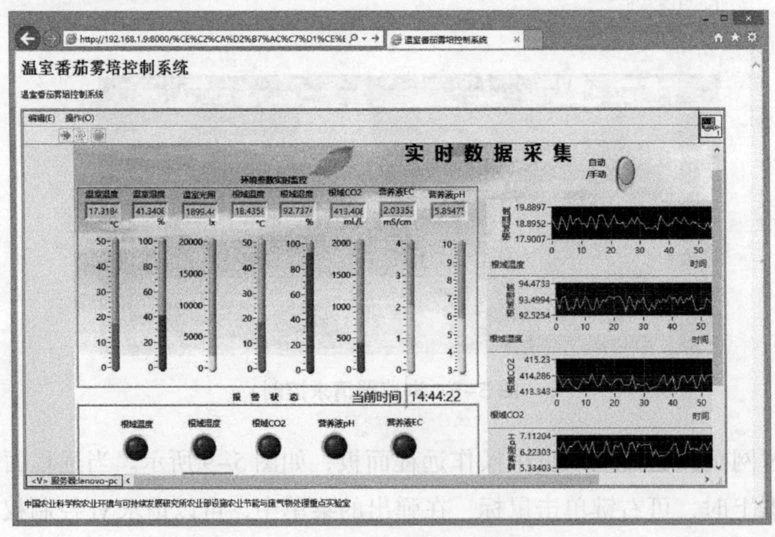

图5-10　温室雾培控制系统

参考文献

REFERENCES

蒋卫杰，杨其长 . 2009. 无土栽培特选项目与技术 [M]. 北京：科学普及出版社 .

李式军. 1989. 现代无土栽培技术 [M] .北京：北京农业大学出版社 .

李式军. 2002. 设施园艺学 [M] .北京：中国农业出版社 .

连兆煌. 1992. 无土栽培原理与技术 [M] .北京：中国农业出版社 .

刘士哲. 2000. 现代实用无土栽培技术 [M] .北京：中国农业出版社 .

刘文科，杨其长 . 2010. 设施无土栽培营养液中植物毒性物质的去除方法 [J]. 北方园艺（16）: 69-70.

刘义飞，程瑞锋，杨其长 . 2015. 基于 LabVIEW 的温室番茄雾培控制系统设计 [J]. 农机化研究（1）: 90-95.

闻婧，程瑞锋，杨其长，等 . 2012. 超声波雾化栽培装置的研制和应用效果 [J]. 江西农业学报, 24（1）: 23-25.

杨其长，魏灵玲，刘文科，等 . 2012. 植物工厂系统与实践 [M]. 北京：化学工业出版社 .

杨其长，张成波 . 2005. 植物工厂概论 [M]. 北京：中国农业科学技术出版社 .

邹志荣. 2002. 园艺设施学 [M] . 北京：中国农业出版社 .

高辻正基 . 2007. 完全制御型植物工場 [M] .東京：オーム社 .

農耕と園芸編集部 . 1990. 養液栽培の新技術 [M]. 東京：誠文堂新光社 .

位田晴久. 1997. 培養液调节与控制．植物工場ハンドブック [M] . 神奈川：東海大学出版会 .

Lee J, Choi W, Yoon J. 2005. Photocatalytic degradation of Nnitrosodimethylamine: mechanism, product distribution, and TiO_2 surface modification[J].Environ Sci Technol, 39:6800-6807.

Lee J G, Lee B Y, Lee H J. 2006. Accumulation of phytotoxic organic acids in reused nutrient solution during hydroponic cultivation of lettuce (*Lactuca sativa* L.) [J].Scientia Horticulturae, 110: 119-128.

Mozafar A. 1996. Decreasing the NO_3^- and increasing the vitamin C contents in spinach by a nitrogen deprivation method [J]. Plant Foods for Human Nutrition, 49: 155-162.

Samuolien G, Urbonaviit A. 2009. Decrease in nitrate concentration in leafy vegetables under a solid-state illuminator [J] . HortScience, 44: 1 857-1 860.

Santamaria P. 2006. Nitrate in vegetables: toxicity, content, intake and EC regulation[J]. Journal of the Science of Food and Agriculture, 86: 10-17.

Sunada K, Ding X G, Utami M S, et al. 2008. Detoxification of phytotoxic compounds by TiO_2 photocatalysis in a recycling hydroponic cultivation system of asparagus [J]. AgricFood Chem, 56: 4 819-4 824.

后　记

POSTSCRIPT

进入 21 世纪，随着现代科技的发展，农业也经历着日新月异的变化，由传统靠天吃饭的被动式农业向依靠农业设施和农业生物环境工程技术为依托的现代农业方式转变。

以营养液栽培为代表的无土栽培技术是现代农业发展与进步的一个标志，代表一个国家设施栽培的先进程度。在配套设施齐全、功能完善的情况下，无土栽培可以使农作物的栽培突破时间、季节和地域的限制，实现周年、均衡、稳定、优质、高产、高效和低耗的农产品生产，满足人们对高品质农产品的需求并有效缓解世界粮食危机催生的地域贫富差异及不稳定因素。

随着生活节奏的加快，生活压力的增大，人们亲近自然的机会逐渐减少，人们迫切向往回归田园的生活。无土栽培技术使这一切由空想变为现实，借助无土栽培技术，在阳台、庭院和天台进行蔬菜与花卉栽培，在陶冶情操，缓解工作生活压力的同时，还能享受自己劳动收获带来的愉悦感。可见，无土栽培作为现代农业的重要组成部分必将在未来社会发展和进步中起到至关重要的作用。

本书以营养液栽培技术讲解与创新栽培装置应用为重点，期望能为读者带来一点启示和帮助。